First published in English under the title
Digital Design Techniques and Exercises: A Practice Book for Digital Logic Design
by Vaibbhav Taraate

作者简介

瓦伊巴夫·塔拉特

“1 Rupee S T”的企业家和导师。1995年在Kolhapur的Shivaji大学获得BE（电子）学位，并因在所有工程学科中排名第一而获得金牌。1999年获得印度孟买理工学院（IIT）的工程硕士（航空控制和制导）学位。拥有超过18年的半定制ASIC和FPGA设计经验，主要使用HDL语言，如Verilog和VHDL。曾作为顾问、高级设计工程师和技术经理与一些跨国公司合作。专业领域包括使用VHDL的RTL设计、使用Verilog的RTL设计、基于FPGA的复杂设计、低功耗设计、综合/优化、静态时序分析、使用微处理器的系统设计、高速VLSI设计，以及复杂SoC的架构设计等。

译者简介

慕意豪

本科毕业于山东大学，研究生毕业于南洋理工大学，阿里云专家博主，CSDN2022年全站博客之星TOP13，专注于数字集成电路IP/SoC设计领域。在“CSDN/知乎”搜索“张江打工人”可与译者进一步交流，如有疑问可发送邮件至muyihao1351@foxmail.com。

谨以此书献给我尊敬的 Bharat Ratna J. R. D. Tata 和 Ratan Tata

数字设计技术与解析

〔印〕瓦伊巴夫·塔拉特　著
慕意豪　译

科学出版社
北　京

图字：01-2023-3724号

内 容 简 介

本书旨在介绍数字设计技术及性能改进策略，帮助读者理解设计方法和优化设计方案。

本书内容包括使用通用逻辑的设计、组合电路设计资源、算术单元设计、实用场景和设计技巧、时序设计技术、FSM设计技术、高级设计技术、系统设计和考虑因素等，每章配有相应的例题，有助于读者理解和掌握数字设计方法。

本书可供电子科学与技术、微电子科学与工程、计算机科学与技术等专业学生阅读，也可供VLSI初学者、数字设计工程师参考。

图书在版编目（CIP）数据

数字设计技术与解析/（印）瓦伊巴夫·塔拉特著；慕意豪译.—北京：科学出版社，2023.8

书名原文：Digital Design Techniques and Exercises

ISBN 978-7-03-076058-6

Ⅰ.①数… Ⅱ.①瓦… ②慕… Ⅲ.①数字电路-电路设计 Ⅳ.①TN79

中国版本图书馆CIP数据核字（2023）第138904号

责任编辑：杨 凯/责任制作：周 密 魏 谨

责任印制：师艳茹/封面设计：张 凌

北京东方科龙图文有限公司 制作

科 学 出 版 社 出版

北京东黄城根北街16号

邮政编码：100717

http：//www.sciencep.com

天津市新科印刷有限公司 印刷

科学出版社发行 各地新华书店经销

*

2023年8月第 一 版 开本：787×1092 1/16

2023年8月第一次印刷 印张：12 1/2

字数：190 000

定价：58.00元

（如有印装质量问题，我社负责调换）

致　谢

大多数工程师要求我在公司项目期间写一本关于数字设计技术和练习的书，在这段时间里，我将获得的经验都记录在本书的手稿中。

本书的出版得到很多人的帮助，感谢所有我在各个跨国公司教授“VLSI视角下的数字设计”课程的参与者，感谢所有的企业家、设计 / 验证工程师和管理人员，在过去近 20 年的时间里，我与他们并肩作战。

感谢我最亲爱的朋友，感谢他们的不断支持。特别是我的学生、朋友、祝福者和我的家人。特别感谢 Neeraj、Deepesh、Jyoti、Suman 和 Annu，感谢他们在手稿整理中的美好祝愿和宝贵帮助。

还要感谢 Somi、Siddhesh 和 Kajal，感谢他们对我的信任，以及他们在手稿整理中给予的支持。尤其感谢 Ravi、Divya、Swati、Rahul 的美好祝愿！

最后，感谢 Springer Nature 的工作人员，特别是 Swati Meherishi、Muskan Jaiswa、Ashok Kumar、Silky Sinha 在稿件的各个阶段给予的大力支持。

感谢所有购买、阅读和喜欢这本书的读者和工程师！

前 言

理解数字设计单元在数字系统设计中的作用，对逻辑设计人员、系统设计工程师、RTL 设计工程师，甚至 ASIC/FPGA 设计工程师来说都特别重要。

在过去的一个世纪中，数字设计取得长足发展，本书的主要目的是讨论数字设计中的实用技术。

全书共 12 章，主要介绍数字设计技术、FSM 设计、设计过程中的优化、数据路径设计和控制路径设计、满足时序、面积和频率要求的电路设计，以及逻辑设计的优化。书中一些逻辑图和时序图是使用 Xilinx ISE 和 Vivado 工具捕获的。有关 FPGA EDA 工具的更多信息，请访问 www.xilinx.com。

同时，本书还涵盖了很多进阶内容，如架构设计、多时钟域设计、多电源域设计、系统设计和接口技术。每章末尾都有相应的例题，帮助读者理解和掌握设计方法。

第 1 章介绍数字设计的基础知识、布尔函数的实现技术和设计过程中期待实现的主要目标。

第 2 章介绍通用逻辑单元及其在设计中的使用，同时讨论级联逻辑和并行逻辑，以及提高设计频率和优化面积的相关设计技术。

第 3 章介绍各种代码转换器和算术资源，其中的设计技术对设计组合逻辑或胶合逻辑很有用，此外集中讨论各种性能改进技术，以及它们在设计组合逻辑时的用途。

第 4 章介绍如何使用组合逻辑资源和算术资源来设计数字电路，其目的是优化设计，使其具有最小的面积和最高的频率。此外讨论指令处理的基础知识，以及面积和频率的优化方法。

第 5 章介绍并行与级联、优先逻辑及其在设计中的应用，同时讨论使用解码器和编码器的组合逻辑设计。

第 6 章介绍基于锁存器的设计和基于触发器的设计及其应用。

第 7 章介绍实现时序设计的各种实用技术，其目的是使时序设计具有较小的面积、最高的频率和最低的功耗，对于理解计数器和寄存器的时序设计技术很有帮助，本章的目标是进行面积和频率的优化。

第 8 章介绍重要的设计方案，以及对设计时序逻辑有用的技术，对了解占空比，以及如何以“占空比的控制”为目标设计顺序电路很有帮助。

第 9 章介绍 FSM 设计技术及其在数字设计中的应用，对于理解摩尔型 FSM 和米利型 FSM 的设计、编码方法及其在设计中的应用很有帮助。

第 10 章介绍数据路径和控制路径的设计以及同步时序电路的时间，还重点讨论各种先进的设计技术，这些技术对于优化面积、频率和功耗来说都非常有用。同时，我们可以在结构设计和高速数字设计中使用这些技术。

第 11 章侧重于给定功能规格的架构设计，有助于了解设计的具体方案，如多时钟域、多电源域、同步器，同时本章也会涉及设计的性能改进。

第 12 章介绍数字设计技术在系统设计中的应用和其他相关的重要目标。

本书包括许多实用的设计方案和技术，对于理解设计技术和优化设计方案来说很有帮助。除此以外，本书还涵盖了从逻辑到架构层面的性能改进策略和相关的技术。

本书对电子工程专业的学生、数字设计工程师、VLSI 初学者和希望设计数字系统的专业人员来说都很有帮助。

瓦伊巴夫 · 塔拉特

目 录

第1章　数字设计的基础知识

在优化组合逻辑的过程中，数字逻辑设计的基础知识和各种有效技术是非常有用的。

大多数时候，我们都需要使用数字设计技术来设计数字系统。对于任何数字系统，充分理解数字设计技术及其使用将有助于工程师设计和实现系统，其中需要考虑的要素包括系统的面积、频率和功耗要求，以及在实现数字系统时对它们的有效理解。在这种前提下，本章讨论了数字设计技术的基础知识及其主要目标。

1.1 数字逻辑和演变

数字逻辑在20世纪得到了发展，涌现出各种各样有效的技术。大多数时候，我们把这些技术用于简化和优化布尔方程。下面是一些非常基础但相对重要的技术：

（1）布尔定理。

（2）乘积之和（SOP）和总和之积（POS）的简化。

（3）卡诺图。

（4）德·摩根定律。

（5）设计优化技术。

（6）延迟优化技术。

（7）功率优化技术。

（8）频率优化技术。

我们中的大多数人都熟悉上述这些技术，并在各个设计阶段使用这些技术，如设计架构和微架构。

1984 ~ 1985年，我们见证了EDA工具的使用，完成了从原理图输入到硬件描述语言（HDL）输入的迁移。大多数EDA工具公司优化了它们的流程，使用Verilog或VHDL语言来进行电路设计和电路实现。我们在20世纪80年代也目睹了少数基于PLD的设计和FPGA工具的使用。

在此背景下，本书有助于理解从基础到复杂的各种设计技术，此外，本书还讨论了如何设计架构和微架构，以及如何使用先进的数字设计技术。

接下来的几节对了解基本的数字设计单元，以及它们在设计中的作用很有帮助。

1.2 重要的考虑因素

正如我们大多数人所知道的那样，数字设计以二进制数据为基础，我们将 bit（比特）视为二进制数据，它的值分为逻辑 0 和逻辑 1。逻辑 0 代表 Vss（GND），逻辑 1 代表 Vdd 或 Vcc，因此数字设计可分为组合逻辑和时序逻辑两种。

1. 组合逻辑

在组合逻辑中，输出是当前输入的函数。如果输入发生变化，那么输出将在组合逻辑的传播延迟后发生变化，从而避免当前输出被前一个状态的输出所影响，以下是组合逻辑的例子：

（1）逻辑门。

（2）算术资源。

（3）数据选择器（MUX）。

（4）解码器。

（5）解复用器。

（6）编码器。

2. 时序逻辑

在时序设计中，输出是当前输入和过去输出的函数，以下是时序逻辑的例子：

（1）锁存器。

（2）触发器。

（3）计数器。

（4）移位寄存器。

（5）存储器。

在设计数字逻辑电路时，设计工程师主要的考虑因素是面积、频率和功耗。此外，我们还需要根据设计目标考虑设计的并发性、并行性和流水线。

1.2.1 面 积

面积是指设计中所使用的逻辑门的数量。逻辑的密度是指在单位面积上有多少个逻辑门。例如，处理器的面积是 10 万个逻辑门。设计工程师需要使用各种设计技术来节约设计的面积，本书将讨论一些重要的设计技术：

（1）资源共享。

（2）基于 FPGA 的设计中的逻辑复用。

（3）分割较大的组合逻辑。

（4）基于数据选择器的设计与基于门电路设计的对比。

（5）架构层面的资源优化。

1.2.2 频 率

频率是电路重要的参数之一，由于门电路的惯性延迟或逻辑电路的级联，频率会受到限制。如图 1.1 所示，我们以 CMOS 非门电路为例，非门的输出端形成寄生电容，非门的惯性延迟是由于电容充电和放电需要时间所致。惯性延迟为传播延迟，定义为输入变化后，输出获得有效逻辑电平所需的时间。

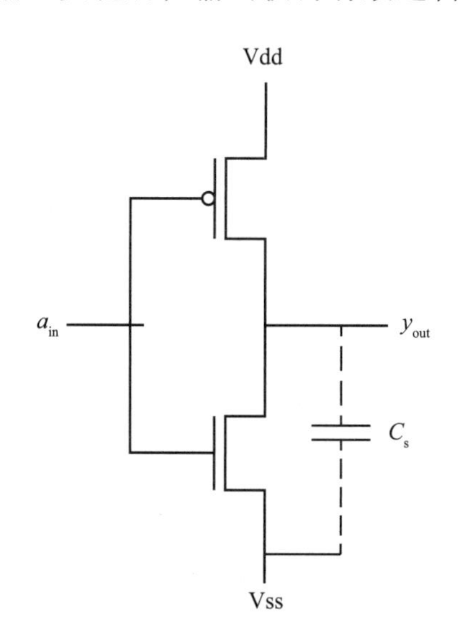

图 1.1 CMOS 非门电路

对于时序逻辑电路，频率主要取决于时序逻辑单元的时序参数，如建立时间、保持时间和时钟到 Q 的延迟（触发器的传播延迟）。如果想获得关于时序参数的更多细节，请参阅第 10 章。

在电路设计阶段，工程师们有各种各样的频率改进技术，本书重点讨论以下几项技术：

（1）寄存器重定时。

（2）流水线。

（3）寄存器负载均衡。

（4）对设计中的关键时序路径进行优化。

（5）在面积要求不高的前提下使用并行化的设计原则。

1.2.3 功 耗

功耗是一个重要的设计考虑因素。功耗应该向尽可能小的方向进行优化，本书将着重介绍低功耗架构设计技术及其在各个设计阶段的作用。考虑图 1.1，由于在输出端形成寄生电容，所以功耗为：

$$P=\alpha CV^2 f$$

其中，α 为开关系数，C 为寄生电容，V 为电源电压，f 为频率。

为了获得最小的功耗，寄生电容应尽可能小，电源电压也应尽可能低。由于我们不能在设计的频率上妥协，因此我们需要在所需的功耗和设计的频率之间进行取舍。

频率和功耗之间总是存在权衡关系，逻辑设计团队的主要目标是寻找合适的平衡点，以实现设计的理想频率和理想功耗。

下面是几种常用的功耗优化技术：

（1）在设计中使用低功耗器件。

（2）低功耗架构设计。

（3）时序逻辑的时钟门控。

这些技术将在随后的章节中讨论。

我们已经了解了逻辑设计过程中的目标，为了更深层次地了解之前提到的技术，让我们从基本的逻辑单元开始。正如前文所提到的，基本的逻辑单元是逻辑门，下面将重点讨论它们。

1.3 逻辑门

逻辑门是重要的逻辑单元，本书的重点是使用逻辑单元来设计面积、功耗和频率最均衡的电路。逻辑门被用来执行所需的逻辑功能。逻辑门有输入和输出，它们被用来建立组合逻辑和时序逻辑。

虽然大多数工程师对逻辑门很熟悉，但还是让我们在逻辑设计和逻辑优化的背景下讨论它们吧！

1. 非门（NOT gate）

非门，又称反相器，它有单一输入和单一输出，作用是对二进制输入进行取反操作。

非门的真值表如表 1.1 所示，有一个输入 a_{in} 和一个输出 y_{out}，输入和输出之间具有如下关系：

$$y_{out} = \overline{a_{in}}$$

表 1.1 非门的真值表

a_{in}	y_{out}
0	1
1	0

非门的符号如图 1.2 所示，输出是输入的取反。逻辑 1 的非是逻辑 0，反之亦然。

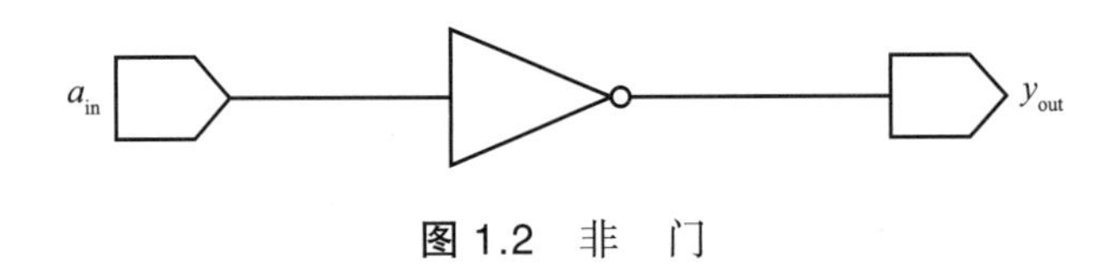

图 1.2 非 门

2. 或门（OR gate）

或门是输入的逻辑或，用简单的话说就是表示“这个”或“这个”，两输入或门是对两个二进制输入进行逻辑或，产生一个单比特的二进制输出。

或门的真值表如表 1.2 所示。它有两个输入 a_{in} 和 b_{in} 及一个输出 y_{out}。输入和输出之间的关系如下：

$$y_{out} = a_{in} + b_{in}$$

表 1.2 或门的真值表

a_{in}	b_{in}	y_{out}
0	0	0
0	1	1
1	0	1
1	1	1

图 1.3 是或门的符号，它表明两个输入 a_{in} 和 b_{in} 只要有一个是逻辑 1，就能得到逻辑 1 的输出。

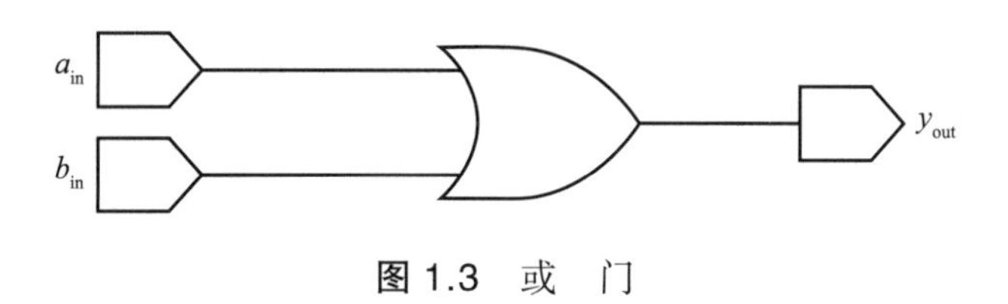

图 1.3 或 门

3. 或非门（NOR gate）

当所有的输入都是逻辑 0 时，或非门的输出是逻辑 1。如果其中一个输入是逻辑 1，那么或非门的输出就是逻辑 0。

或非门的真值表如表 1.3 所示，其输入为 a_{in}、b_{in}，输出为 y_{out}，输入和输出之间的关系如下：

$$y_{out} = \overline{a_{in} + b_{in}}$$

表 1.3 或非门的真值表

a_{in}	b_{in}	y_{out}
0	0	1
0	1	0
1	0	0
1	1	0

图 1.4 显示了取反的或逻辑，它是或门和非门的级联。问题是，或和非的级联会导致传播延迟较大，因此，在设计过程中，要避免级联逻辑的出现。如果每个逻辑门的延迟是 0.5ns，那么或非逻辑的传播延迟是 1ns。

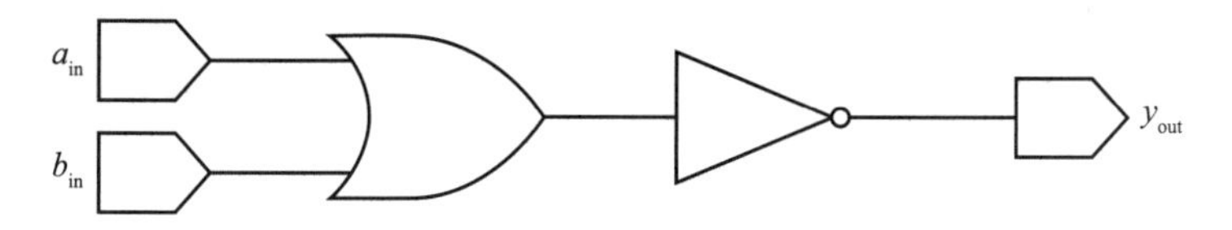

图 1.4 取反的或逻辑

或非门的符号如图 1.5 所示，在实现布尔函数时，应使用最少的或非门。通过使用最少的或非门，可以实现任何布尔函数，因此或非门也被称为通用门。

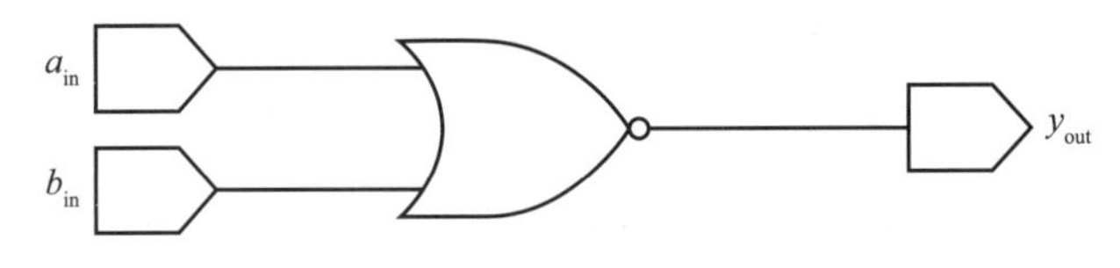

图 1.5 或非门

4. 与门（AND gate）

当输入 a_{in} 和 b_{in} 都处于逻辑 1 时，与门的输出 y_{out} 为逻辑 1，因此，输入和输出之间的关系如下：

$$y_{out} = a_{in} \cdot b_{in}$$

其中，“·”表示与操作。

与门的真值表如表 1.4 所示，当输入 a_{in} 和 b_{in} 都是逻辑 1 时，与门的输出 y_{out} 是逻辑 1；当其中一个输入为逻辑 0 时，与门的输出 y_{out} 为逻辑 0。

表 1.4 与门的真值表

a_{in}	b_{in}	y_{out}
0	0	0
0	1	0
1	0	0
1	1	1

图 1.6 显示了与门的符号，有 a_{in} 和 b_{in} 两个输入、一个输出 y_{out}。

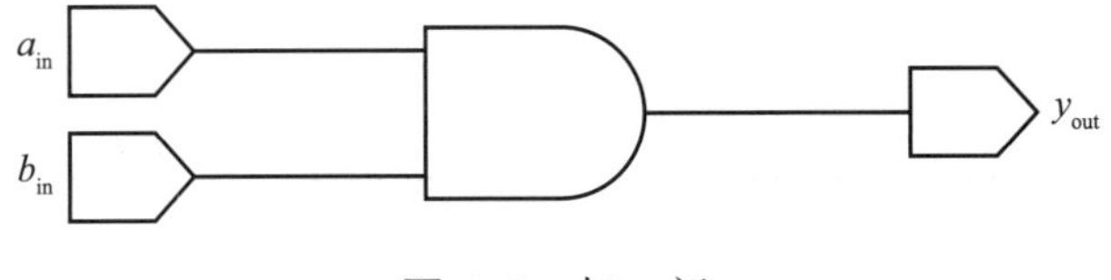

图 1.6 与 门

5. 与非门（NAND gate）

当两个输入都是逻辑 1 时，与非门的输出是逻辑 0；如果与非门的一个输入是逻辑 0，那么与非门的输出就是逻辑 1。两输入与非门的真值表如表 1.5 所示，其逻辑表达式为：

$$y_{out} = \overline{a_{in} \cdot b_{in}}$$

表 1.5 与非门的真值表

a_{in}	b_{in}	y_{out}
0	0	1
0	1	1
1	0	1
1	1	0

与逻辑和非逻辑的级联如图 1.7 所示。正如前面所讨论的，设计工程师应该避免级联的情况。

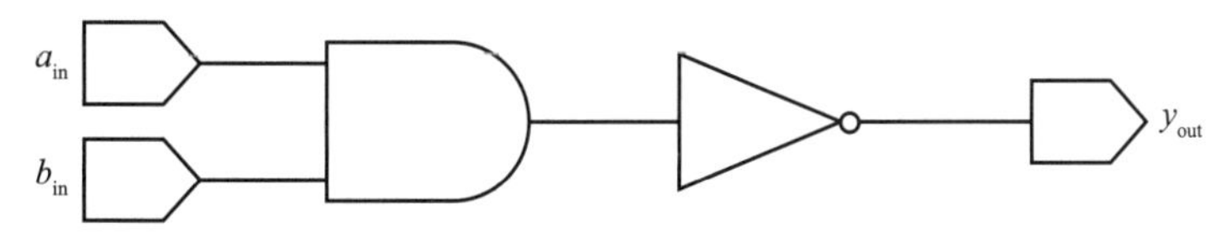

图 1.7 与逻辑的非

与非门的符号如图 1.8 所示，有 a_{in} 和 b_{in} 两个输入、一个输出 y_{out}。

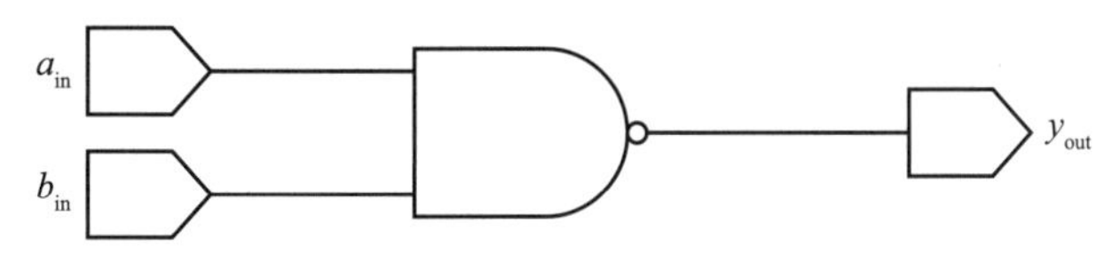

图 1.8 与非门

6. 异或门（XOR gate）

异或门也被称为排他性或。异或门的真值表如表 1.6 所示，当 a_{in} 和 b_{in} 两个输入不相同时，异或门的输出 y_{out} 为逻辑 1。异或门的逻辑表达式为：

$$y_{out} = a_{in} \oplus b_{in}$$

表 1.6 异或门的真值表

a_{in}	b_{in}	y_{out}
0	0	0
0	1	1
1	0	1
1	1	0

异或门的符号如图 1.9 所示，有 a_{in} 和 b_{in} 两个输入、一个输出 y_{out}。

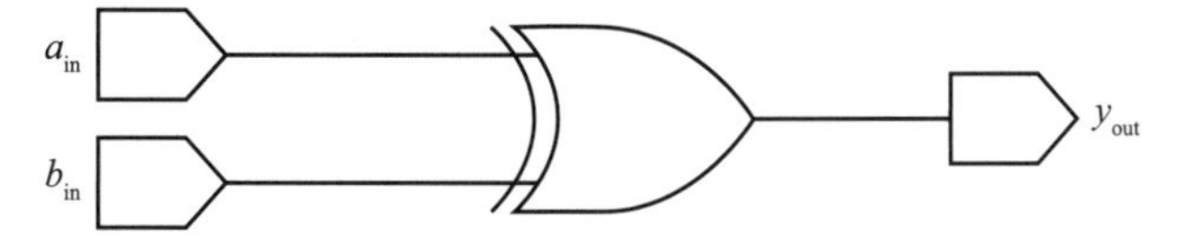

图 1.9 异或门

7. 同或门（XNOR gate）

同或的符号是⊙，该逻辑表达式如下：

$$y_{out} = a_{in} \odot b_{in}$$

同或门是异或门和非门的级联，因此也被称为异或门的非。使用异或门的同或门如图 1.10 所示。

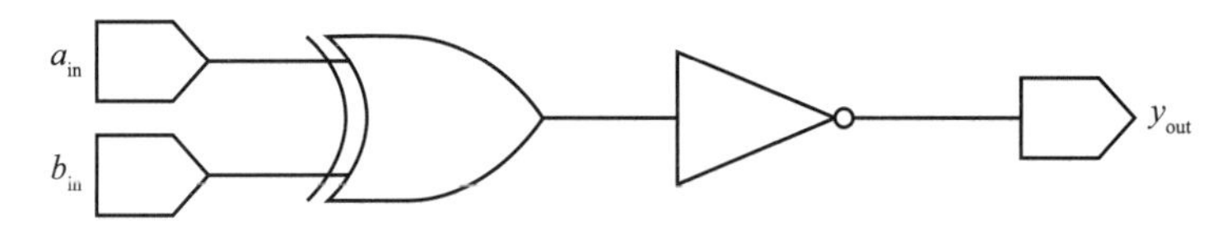

图 1.10 异或门的非

同或门的真值表如表 1.7 所示，当 a_{in} 和 b_{in} 两个输入都相同时，同或门的输出 y_{out} 为逻辑 1。

表 1.7 同或门的真值表

a_{in}	b_{in}	y_{out}
0	0	1
0	1	0
1	0	0
1	1	1

正如前面所讨论的，设计人员应该尽可能避免级联，因为级联增加了传播延迟。

同或门的符号如图 1.11 所示，有 a_{in}、b_{in} 两个输入，一个输出 y_{out}。

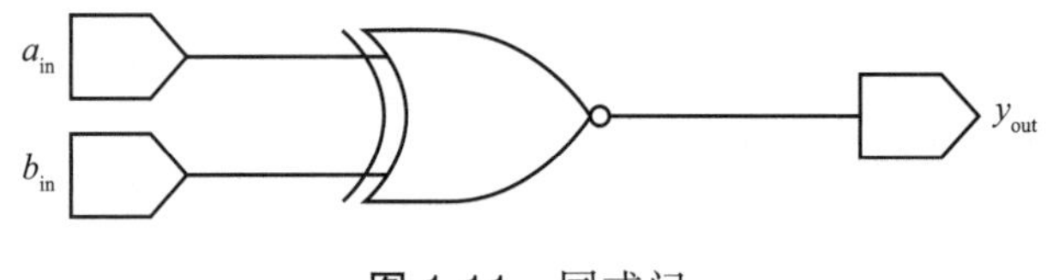

图 1.11 同或门

1.4 德·摩根定律

我们对逻辑门有了很好的理解，现在让我们试着去理解德·摩根定律，以便简化布尔表达式。

1.4.1　与非等价于非或

与非等价于非或的逻辑表达式如下所示：

$$\overline{a_{\text{in}} \cdot b_{\text{in}}} = \overline{a_{\text{in}}} + \overline{b_{\text{in}}}$$

与非等价于非或的真值表如表 1.8 所示。

表 1.8　与非等价于非或的真值表

a_{in}	$\overline{a_{\text{in}}}$	b_{in}	$\overline{b_{\text{in}}}$	y_{out}
0	1	0	1	1
0	1	1	0	1
1	0	0	1	1
1	0	1	0	0

在布尔表达式简化过程中，我们可以使用德·摩根定律，将非或作为与非使用（图 1.12）。

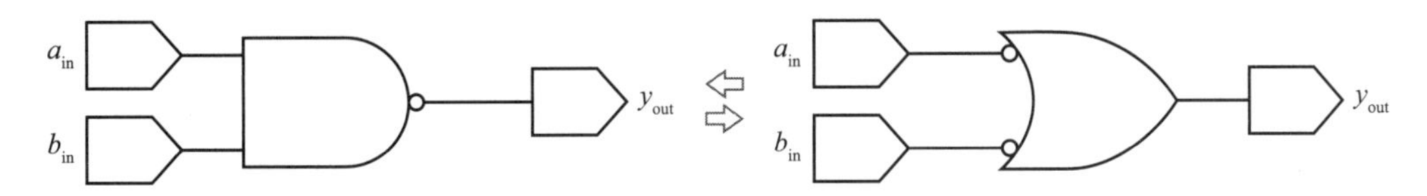

图 1.12　与非等价于非或

1.4.2　或非等价于非与

或非等价于非与的逻辑表达式如下所示：

$$\overline{a_{\text{in}} + b_{\text{in}}} = \overline{a_{\text{in}}} \cdot \overline{b_{\text{in}}}$$

或非等价于非与的真值表如表 1.9 所示。

表 1.9　或非等价于非与的真值表

a_{in}	$\overline{a_{\text{in}}}$	b_{in}	$\overline{b_{\text{in}}}$	y_{out}
0	1	0	1	1
0	1	1	0	0
1	0	0	1	0
1	0	1	0	0

在布尔表达式简化过程中，我们可以使用德·摩根定律，将非与作为或非使用（图 1.13）。

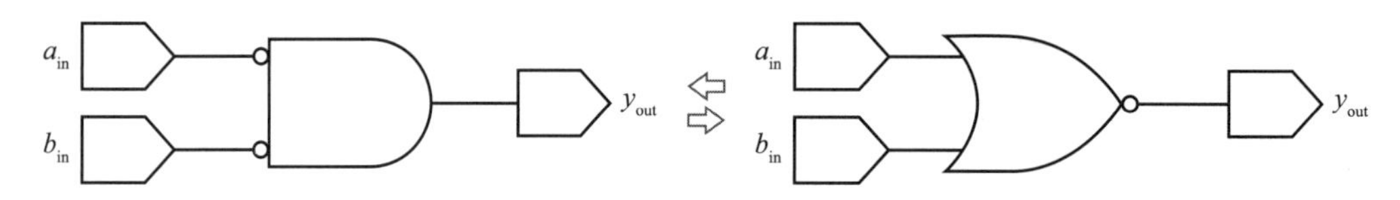

图 1.13 或非等价于非与

1.5 作为通用逻辑的多路选择器

多路选择器（MUX）是多对一的开关，常用于总线选择、时钟选择等。多路选择器有许多输入和单一输出。控制端的逻辑电平决定哪一个输入被选择，并据此产生复用器的输出。二选一 MUX 的真值表如表 1.10 所示，有两个输入 a_{in}、b_{in} 和控制信号的输入 sel_in。

表 1.10 二选一 MUX 的真值表

sel_in	y_{out}
0	b_{in}
1	a_{in}

如上所述，当 sel_in = 0 时，MUX 的输出为 b_{in}；当 sel_in = 1 时，MUX 的输出为 a_{in}。

二选一 MUX 的符号如图 1.14 所示，根据 sel_in 的状态，它将 a_{in}、b_{in} 中的一个输入传给输出 y_{out}。

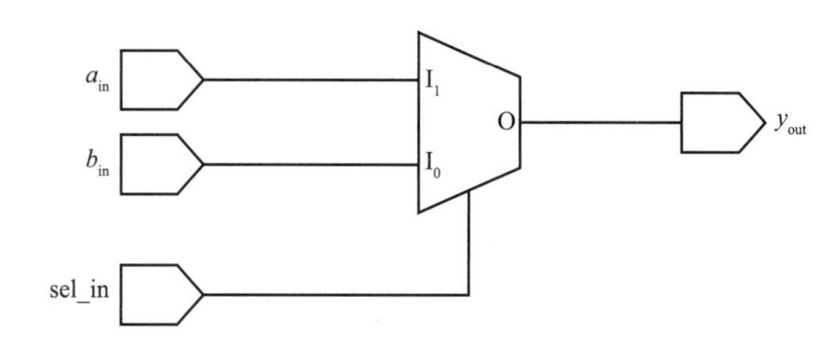

图 1.14 二选一 MUX 的符号

现在，让我们用逻辑门来实现二选一 MUX。从真值表中，我们可以得到乘积项（多个变量的逻辑与），如表 1.11 所示，通过 SOP（乘积项之和）表达式实现二选一 MUX，如图 1.15 所示。

表 1.11　乘积项

sel_in	y_{out}	乘积项
0	b_{in}	$y_0=\overline{\text{sel\_in}}\cdot b_{in}$
1	a_{in}	$y_1=\text{sel\_in}\cdot a_{in}$

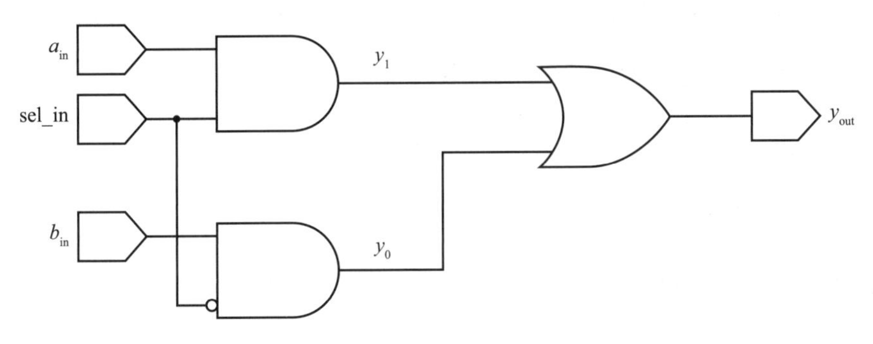

图 1.15　二选一 MUX 的门级结构

由图 1.15 可知，二选一 MUX 的 SOP 表达式为：

$$y_{out}=y_0+y_1=\overline{\text{sel\_in}}\cdot b_{in}+\text{sel\_in}\cdot a_{in}$$

1.6　VLSI背景下的目标

在使用数字单元设计数字逻辑时，以下是优化目标：

（1）不要使用逻辑的级联，因为它增加了延迟。

（2）使用最少的通用门来实现布尔函数。

（3）使用多路选择器来实现布尔函数。

（4）使用低功耗设计单元来改善功耗。

（5）使用传播延迟最小的逻辑单元。

在 VLSI 设计方面，以下是设计者的目标：

（1）理解门电路的兼容性和逻辑级数。

（2）使用最少的门电路来实现布尔函数。

（3）如果电路的面积不是一个重要的参数，那么请使用并行逻辑。

（4）在设计过程中尝试使用低功耗器件和高频器件。

1.7 例 题

现在让我们使用逻辑门的基本原理，来完成以下几个练习。

【例题 1】对于给定的表达式 $y = A + \overline{A} \cdot B$，求 y 的逻辑等价式。

解答过程：由逻辑等价式的分配率可得

$$
\begin{aligned}
y &= \left(A + \overline{A}\right) \cdot \left(A + B\right) \\
&= \left(A + B\right)
\end{aligned}
$$

【例题 2】对于给定的级联逻辑，求输出端 y 的逻辑表达式（图 1.16）。

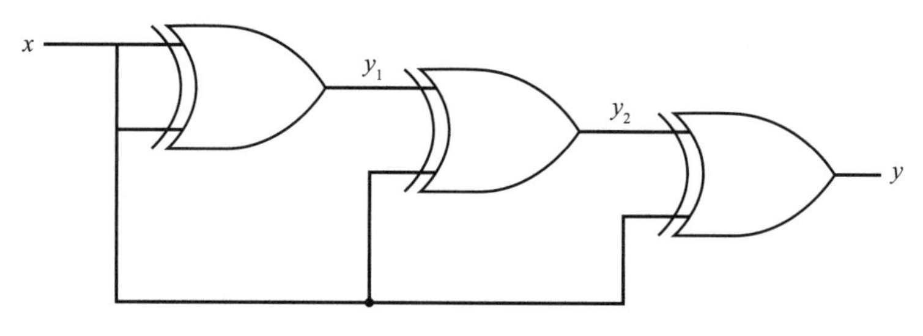

图 1.16 级联的 XOR 门

解答过程：第一个 XOR 门的输出为

$$y_1 = x \oplus x = 0$$

第二个 XOR 门的输出为

$$y_2 = x \oplus 0 = x$$

第三个 XOR 门的输出为

$$y = x \oplus x = 0$$

【例题 3】对于给定的逻辑门，求输出端 y 的逻辑等价式（图 1.17）。

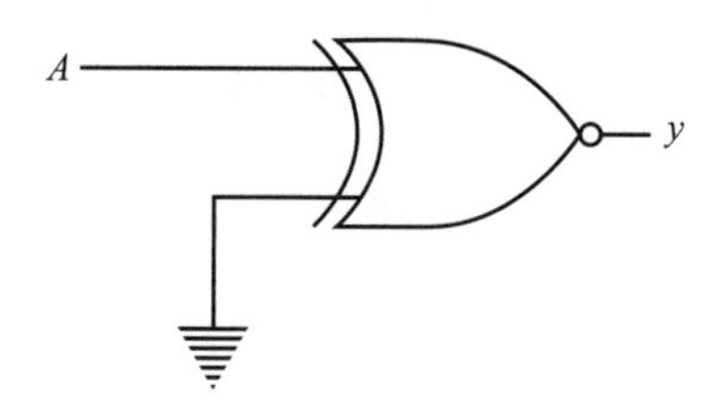

图 1.17 XNOR 门

解答过程：

$$
\begin{aligned}
y &= \overline{x \oplus 0} \\
&= \overline{A} \cdot \overline{0} + A \cdot 0 \\
&= \overline{A} + 0 \\
&= \overline{A}
\end{aligned}
$$

【例题 4】对于给定的级联逻辑，求输出端 y 的逻辑等价式（图 1.18）。

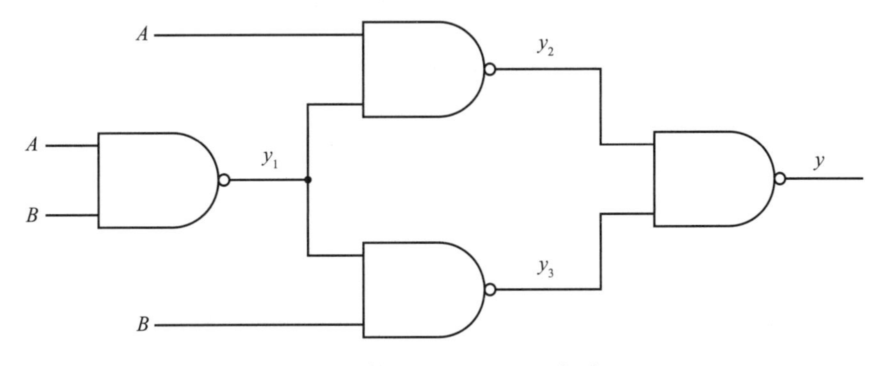

图 1.18 使用 NAND 的逻辑实现

解答过程：先求出 y_1、y_2、y_3 的逻辑表达式，再求出 y 的逻辑表达式。

$$
\begin{aligned}
y_1 &= \overline{AB} \\
y_2 &= \overline{A \cdot \overline{AB}} = \overline{A \cdot \left(\overline{A} + \overline{B}\right)} = \overline{A \cdot \overline{B}} \\
y_3 &= \overline{B \cdot \overline{AB}} = \overline{B \cdot \left(\overline{A} + \overline{B}\right)} = \overline{B \cdot \overline{A}} \\
y &= \overline{y_2 \cdot y_3} = \overline{\overline{\left(A \cdot \overline{B}\right)} \cdot \overline{\left(B \cdot \overline{A}\right)}}
\end{aligned}
$$

利用德 · 摩根定律，即与非等价于非或，得到

$$
\begin{aligned}
y &= \overline{\overline{\left(A \cdot \overline{B}\right)} \cdot \overline{\left(B \cdot \overline{A}\right)}} \\
&= \overline{\overline{\left(A \cdot \overline{B}\right)}} + \overline{\overline{\left(B \cdot \overline{A}\right)}} \\
&= A \cdot \overline{B} + \overline{A} \cdot B
\end{aligned}
$$

【例题 5】求图 1.19 所示级联逻辑的输出表达式（考虑偶数个 XOR 门的级联）。

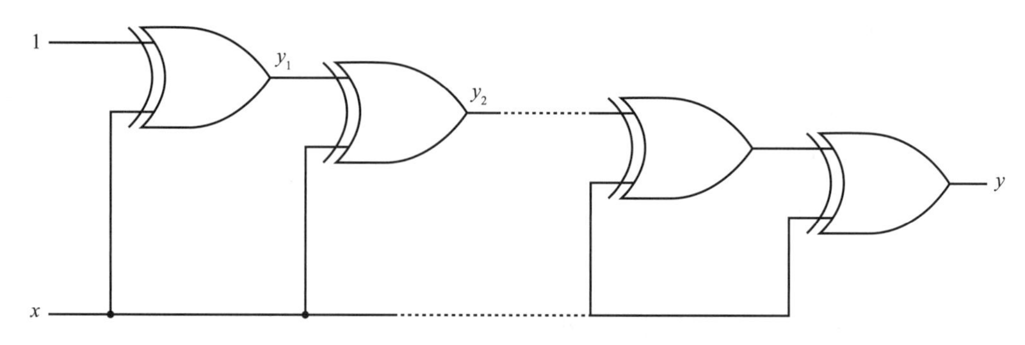

图 1.19　偶数个级联的 XOR 门

解答过程：第一个 XOR 门的输出为

$$y_1 = \overline{x}$$

第二个 XOR 门的输出为

$$y_2 = \overline{x} \oplus x = 1$$

由于偶数个 XOR 门是级联连接的，第二个 XOR 门和最后一个 XOR 门的输出是相同的，都是逻辑 1，因此 $y = 1$。

【例题 6】每个 XOR 门的传播延迟为 0.5ns，十个 XOR 门以级联方式连接，求输出端 y 的传播延迟 (图 1.20)。

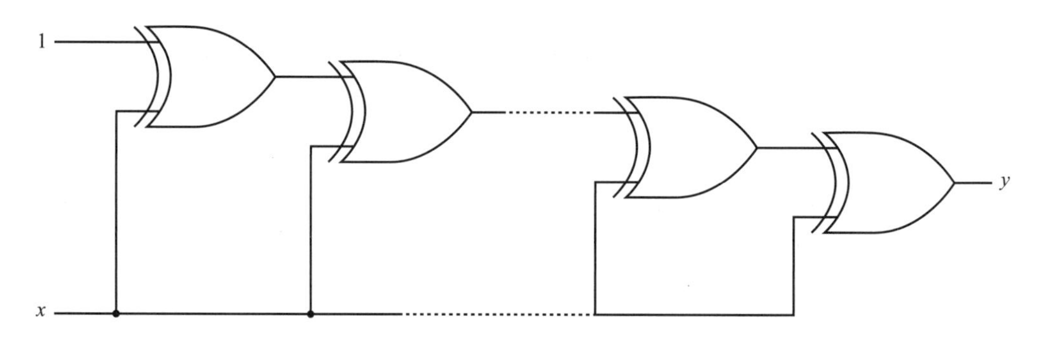

图 1.20　十个 XOR 门的级联

解答过程：级联的数量 $n = 10$，每一级的传播延迟 $t_{pd} = 0.5\text{ns}$，因此，级联逻辑的传播延迟为

$$n \times t_{pd} = 10 \times 0.5\text{ns} = 5\text{ns}$$

【例题 7】对于图 1.21 所示的逻辑门，求输出端 y 的逻辑等价式。

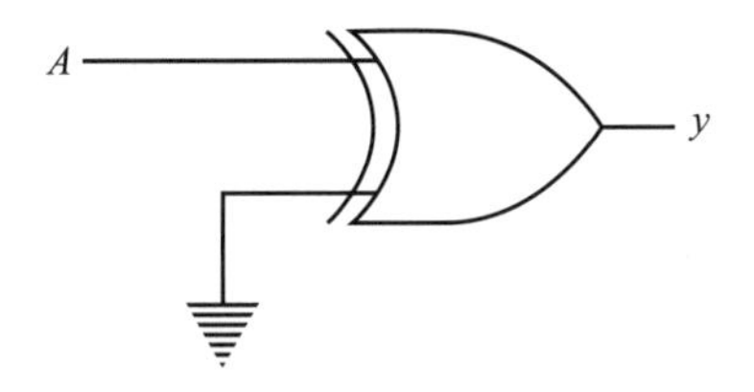

图 1.21 XOR 门

解答过程：

$$
\begin{aligned}
y &= A \oplus 0 \\
&= \overline{A} \cdot 0 + A \cdot \overline{0} \\
&= 0 + A \\
&= A
\end{aligned}
$$

【例题 8】对于图 1.22 所示的逻辑，如果每个门的传播延迟为 1ns，求输出端 y 的传播延迟。

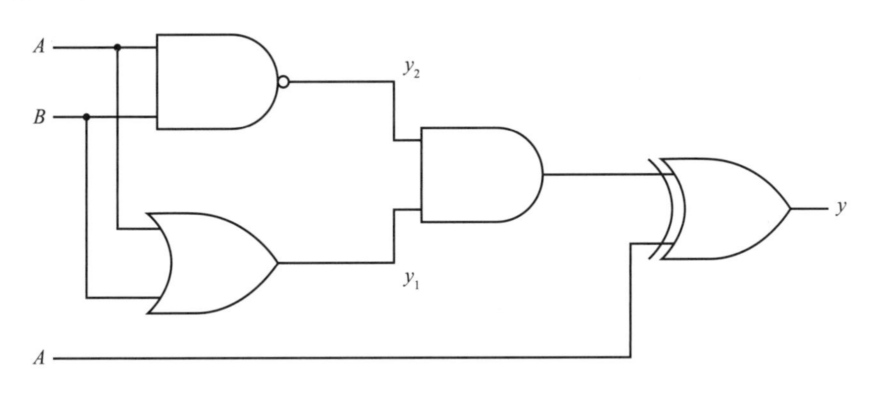

图 1.22 逻辑原理图

解答过程：如图 1.23 所示，将图 1.22 所示的逻辑划分为三个区域。

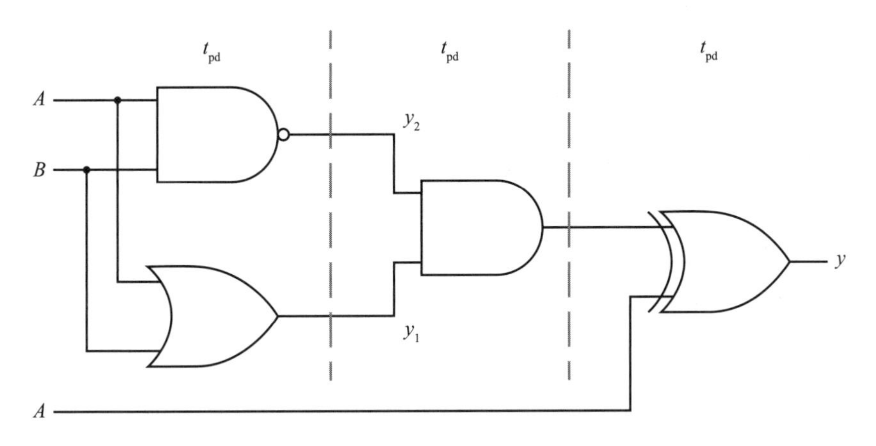

图 1.23 逻辑区域和延迟

由图 1.23 可知，NAND 门和 OR 门是并联的，延迟为 t_{pd}；AND 门的延迟为 t_{pd}；XOR 门的延迟为 t_{pd}；每个门的传播延迟为 1ns。因此，输出端 y 的总体传播延迟是

$$3\times t_{pd}=3\times 1\text{ns}=3\text{ns}$$

【例题 9】求图 1.24 的等效逻辑门。

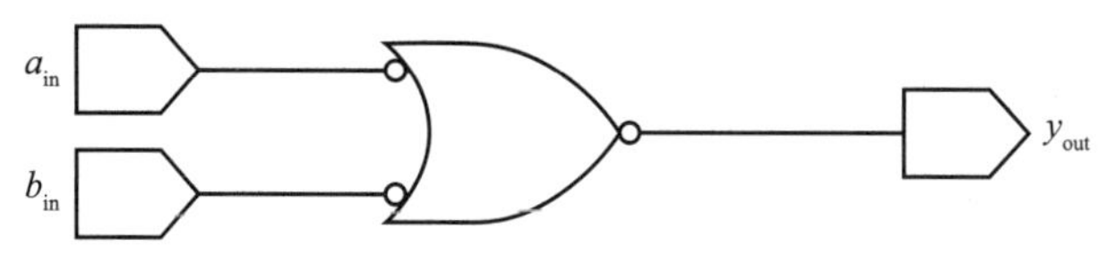

图 1.24 逻辑门（1）

解答过程：利用德 · 摩根定律求出 y_{out}。

因为与非等价于非或：

$$\overline{a_{in}\cdot b_{in}}=\overline{a_{in}}+\overline{b_{in}}$$

因此，

$$\begin{aligned}y_{out}&=\overline{\overline{a_{in}\cdot b_{in}}}\\&=a_{in}\cdot b_{in}\end{aligned}$$

所以，图 1.24 的逻辑门等效于 AND 门。

【例题 10】对于图 1.25，输出端 y_{out} 的等效逻辑表达式是什么？

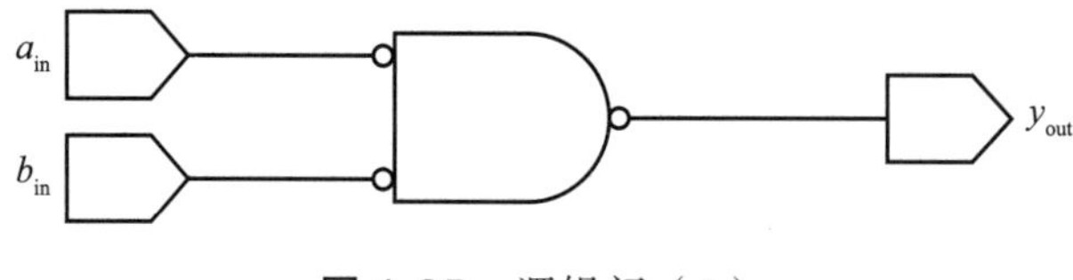

图 1.25 逻辑门（2）

解答过程：利用德·摩根定律求出 y_{out}。

因为或非等价于非与：

$$\overline{a_{in}+b_{in}}=\overline{a_{in}}\cdot\overline{b_{in}}$$

因此，

$$
\begin{aligned}
y_{\text{out}} &= \overline{\overline{a_{\text{in}} + b_{\text{in}}}} \\
&= a_{\text{in}} + b_{\text{in}}
\end{aligned}
$$

所以，上图的逻辑门是 OR 门。

1.8 小 结

以下是本章的几个重点：

（1）NAND 门和 NOR 门是通用门，工程师的设计目标是用最少的逻辑门来实现布尔函数。

（2）与非等价于非或。

（3）或非等价于非与。

（4）多路选择器被视为通用逻辑，用于实现任何种类的布尔函数。

（5）系统设计工程师的目标是以更小的面积、更低的功耗和更高的频率实现特定的数字系统。

（6）在设计中尽量不要过多地使用级联。

第2章　使用通用逻辑的设计

在组合逻辑电路的设计过程中，使用通用门或多路选择器作为通用逻辑的设计是有效的。

通用门包括 NAND 门、NOR 门、MUX 或其他特定门，在设计中使用通用门可以优化设计面积。本章主要介绍通用门的作用及其使用方法，同时讨论级联逻辑和并行逻辑，目的是提高设计频率并优化设计面积。

2.1 什么是通用逻辑？

我们大多数人都熟悉通用门。通常来说，通用门指的是 NAND 门或 NOR 门。逻辑设计工程师的目标是尽可能少地使用这些门，以实现特定目标的组合逻辑。你可能觉得很难直接获得通用门的最小数量，但是我们确实可以使用数字设计技术来实现这一目标。

除了 NAND 门和 NOR 门外，其他通用的逻辑单元是二选一 MUX 或特定门。图 2.1 给出了关于这些门的信息，它们可以用来实现任何组合逻辑。

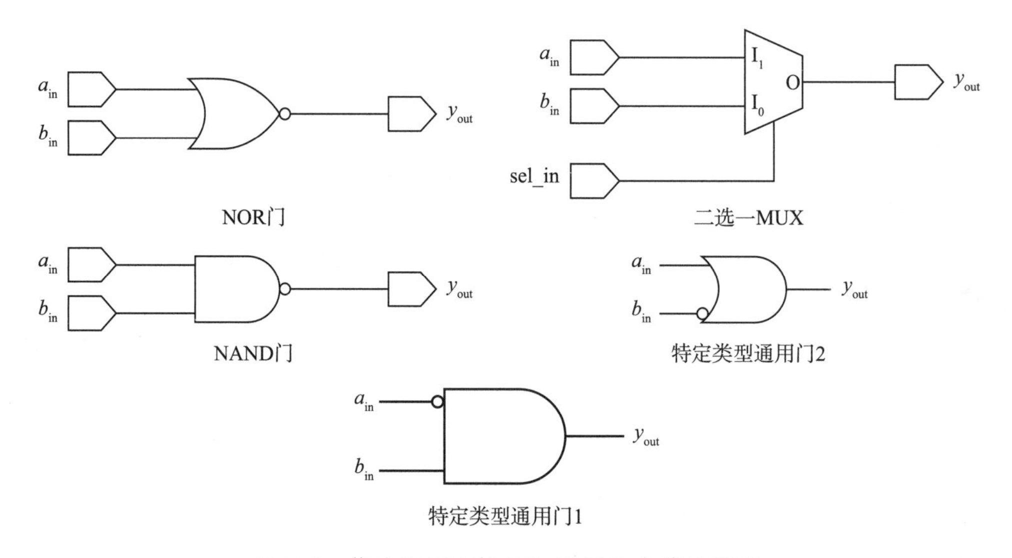

图 2.1 作为通用逻辑的通用门和多路选择器

2.2 通用门

我们大多数人都熟悉 NAND 门和 NOR 门，设计者的目标是使用最少的逻辑门来实现给定的逻辑，实现的逻辑应当具有最小的面积、最高的频率和最低的功耗，本节将介绍这些通用门的使用技巧。

2.2.1 NAND门

假如设计的需求是实现 2 输入 XOR 门，我们可以使用 4 个 NAND 门来实现。NAND 门的输入 a_{in}、b_{in} 和输出 y_{out} 之间的关系如表 2.1 所示。

表 2.1 2 输入 NAND 门的真值表

a_{in}	b_{in}	$y_{out}=\overline{a_{in}\cdot b_{in}}$
0	0	1
0	1	1
1	0	1
1	1	0

让我们了解一下 2 输入 NAND 门的开关级设计。我们知道，在 CMOS 开关级设计中，我们可以使用 PMOS 管和 NMOS 管。PMOS 作为上拉网络，连接到 Vdd 部分；NMOS 作为下拉网络，连接到 Vss 部分。

由于 NAND 是 AND 的非，所以在下半部分我们使用串联形式的 NMOS 管，又因为 NMOS 和 PMOS 逻辑互补，同时串联的互补是并联，因此在上半部分我们使用并联形式的 PMOS 管。

上面并联的 PMOS 部分使用电源 Vdd，下面串联的 NMOS 部分使用 Vss。Vdd 和 Vss 也是互补的。图 2.2 所示为 CMOS 2 输入 NAND 门。

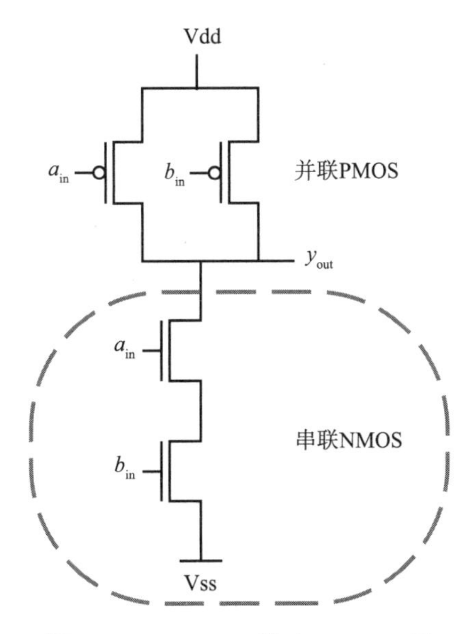

图 2.2 CMOS 2 输入 NAND 门

2.2.2 NOR门

假如设计的需求是实现2输入XNOR门，我们可以使用4个NOR门来实现。输入 a_{in}、b_{in} 和输出 y_{out} 之间的关系如表2.2所示。

表2.2 2输入NOR门的真值表

a_{in}	b_{in}	$y_{out}=\overline{a_{in}+b_{in}}$
0	0	1
0	1	0
1	0	0
1	1	0

让我们了解一下2输入NOR门的开关级设计。在下半部分我们使用并联的NMOS管，由于NMOS和PMOS互补，同时并联和串联互补，因此我们在上半部分使用串联形式的PMOS管。上面串联的PMOS部分使用电源Vdd，下面并联的NMOS部分使用Vss。Vdd和Vss也是互补的。图2.3所示为CMOS 2输入NOR门。

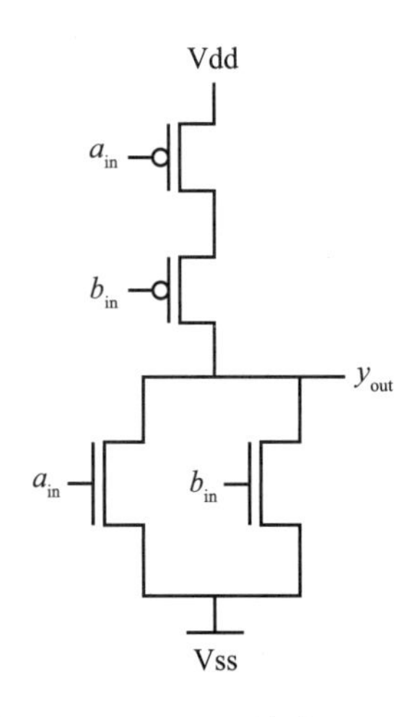

图2.3 CMOS 2输入NOR门

2.2.3 其他形式的通用门

我们已经接触过一些通用门，并习惯使用最少的NAND门或NOR门来实现布尔函数。正如前一章所介绍的，我们也可以使用最少的二选一MUX来实现布尔函数。

除了NAND门、NOR门和二选一MUX之外，我们还可以使用图2.4和图2.5所示的门作为通用门，这类门也被用来设计逻辑功能。

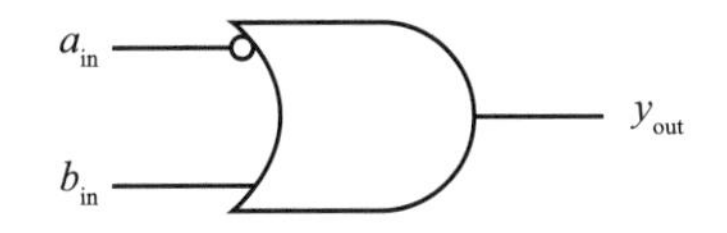

图 2.4 特定类型的通用门（1）

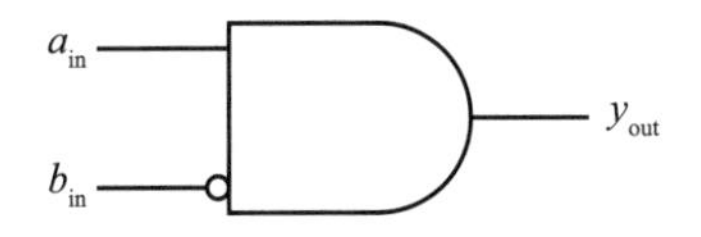

图 2.5 特定类型的通用门（2）

考虑到图 2.4 所示的逻辑门，如果我们希望使用最少的这类门来实现 OR 门，那么我们可以使用图 2.6 所示的策略。

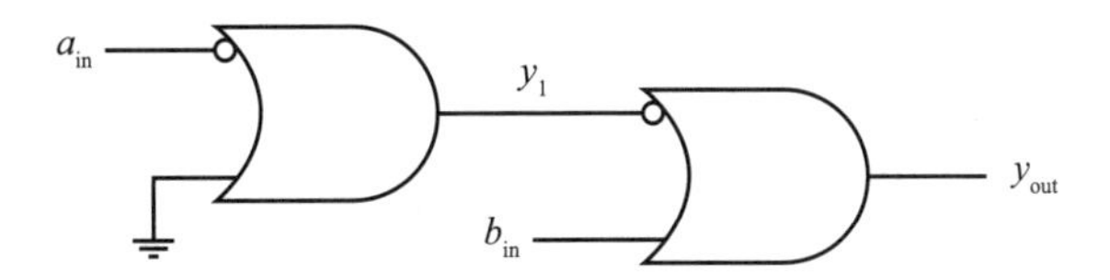

图 2.6 使用特定类型门的 2 输入 OR 门

图 2.6 中 y_{out} 的表达式如下：

$$y_1 = 0 + \overline{a_{in}} = \overline{a_{in}}$$
$$y_{out} = \overline{\overline{a_{in}}} + b_{in} = a_{in} + b_{in}$$

考虑到图 2.5 所示的逻辑门，假如我们希望使用最少的这类门来实现 AND 门，那么我们可以使用图 2.7 所示的策略。

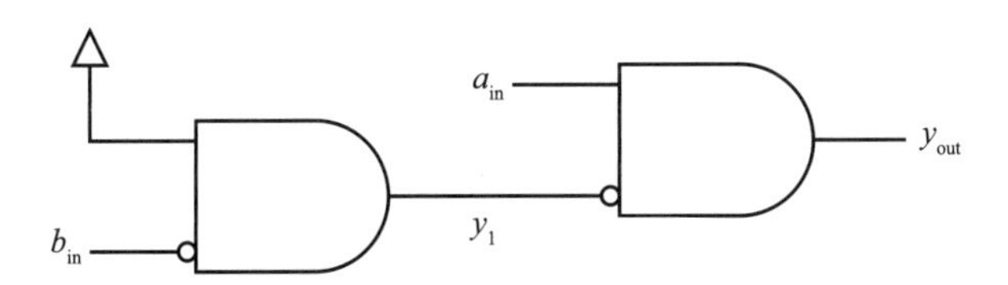

图 2.7 使用特定门组成的 2 输入 AND 门

图 2.7 中 y_{out} 的表达式如下：

$$y_1 = 1 \cdot \overline{b_{in}} = \overline{b_{in}}$$
$$y_{out} = \overline{\overline{b_{in}}} \cdot a_{in} = b_{in} \cdot a_{in}$$

2.3 多路选择器

多路选择器被视为通用逻辑，通过使用最少的多路选择器，可以实现任何布尔函数。设计者的目标是要有最小的传播延迟，并使用最少的多路选择器。本节对理解使用最少的多路选择器的设计很有帮助。

2.3.1 使用二选一MUX的电路设计

本节将介绍使用最少的二选一 MUX 的设计。二选一 MUX 是层次结构中最低的输入选择器。正如前一章所介绍的，二选一 MUX 有两个数据输入线、一个输入控制线和一个输出线。输入线（m）和控制线（n）之间的关系为 $m=2^n$。

1. 使用二选一 MUX 组成 NOT 门

下面我们使用二选一 MUX 来设计 NOT 门。

NOT 门的真值表如表 2.3 所示。

表 2.3 NOT 门的真值表

a_{in}	$y_{out}=\overline{a_{in}}$
0	1
1	0

二选一 MUX 的真值表如表 2.4 所示。

表 2.4 二选一 MUX 的真值表

sel_in	y_{out}
0	I_0
1	I_1

从表 2.3 和表 2.4 的比较中可以看出，sel_in $=a_{in}$，I_0 输入应该连接到 Vdd（逻辑 1），I_1 输入应该连接到 Vss（逻辑 0）。使用二选一 MUX 得到的 NOT 门如图 2.8 所示。

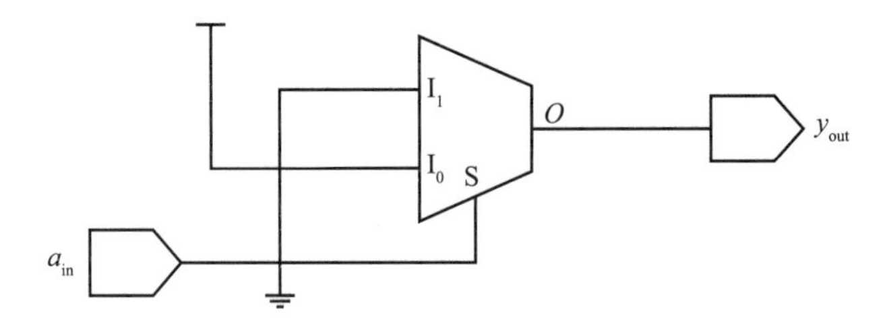

图 2.8 使用二选一 MUX 组成的 NOT 门

2. 使用二选一 MUX 组成 OR 门

下面我们用最少的二选一 MUX 来设计 OR 门。

首先思考一下，实现 OR 门需要多少个二选一 MUX？答案并不直观，不过我们可以通过观察和重新排列 OR 门的真值表（表 2.5），使用二选一 MUX 来实现 OR 门。让我们试着这样做吧！

表 2.5 OR 门的真值表

a_{in}	b_{in}	y_{out}
0	0	0
0	1	1
1	0	1
1	1	1

现在更好的策略是把表分成两组条目，a_{in} 的前两个条目是逻辑 0，后两个条目是逻辑 1。现在将 b_{in} 条目与 OR 门的 y_{out} 输出进行比较。使用这个策略，记录不同条目，这样我们就可以得到等价的真值表（表 2.6）。

表 2.6 使用二选一 MUX 的 2 输入 OR 门真值表

sel_in = a_{in}	y_{out}
0	b_{in}
1	1

因此，使用单个二选一 MUX 的 2 输入 OR 门如图 2.9 所示，当 $a_{in}=1$ 时，输出为逻辑 1；当 $a_{in}=0$ 时，输出为 b_{in}。

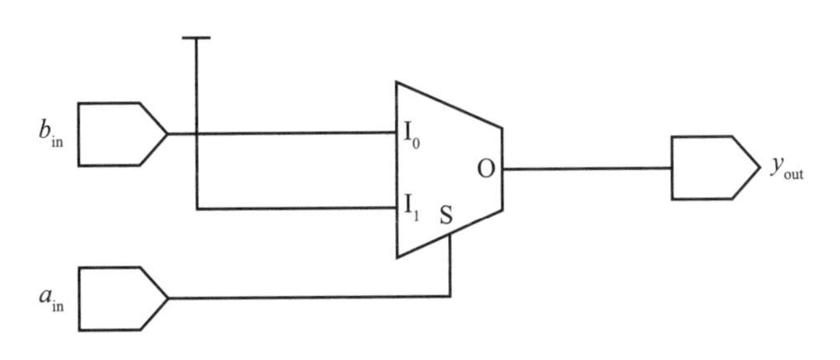

图 2.9 使用单个二选一 MUX 的 OR 门

3. 使用二选一 MUX 组成 NAND 门

现在让我们使用上节的策略，用最少的二选一 MUX 实现 2 输入 NAND 门。表 2.7 有四个条目，而这些条目又进一步被分为两组。对于前两个条目，即 $a_{in}=0$，如果我们将 b_{in} 与 y_{out} 比较，那么我们得到的输出是 $y_{out}=1$。对于接下来的两个条目，如果我们将 b_{in} 与 y_{out} 进行比较，那么我们将得到 $y_{out}=\overline{b_{in}}$。

表 2.7 2 输入 NAND 门的真值表

a_{in}	b_{in}	y_{out}
0	0	1
0	1	1
1	0	1
1	1	0

现在，大多数时候，初学者会得出结论，为了实现 2 输入 NAND 门，我们需要有一个二选一 MUX（图 2.10），但这是不正确的，因为这个逻辑并不高效。如表 2.8 所示，当 $a_{in} = 1$ 时，输出 $y_{out} = \overline{b_{in}}$。所以，为了实现 b_{in} 的非，我们需要多设置一个选择器。

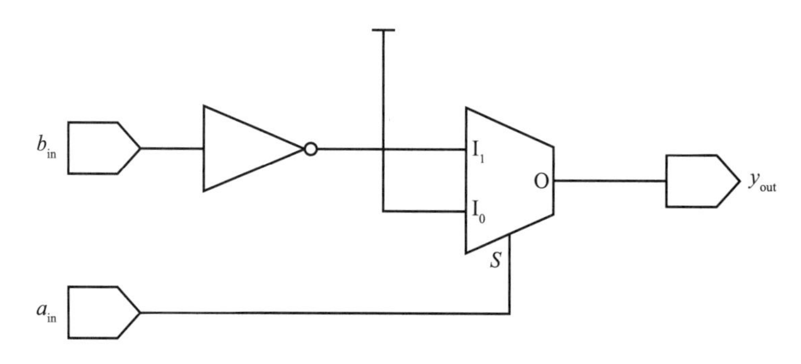

图 2.10 使用二选一 MUX 和 NOT 门的 NAND 门

表 2.8 使用 MUX 的 2 输入 NOR 门真值表

sel_in = a_{in}	y_{out}
0	1
1	$\overline{b_{in}}$

图 2.11 显示了使用最少的二选一 MUX 的 2 输入 NAND 的实现。

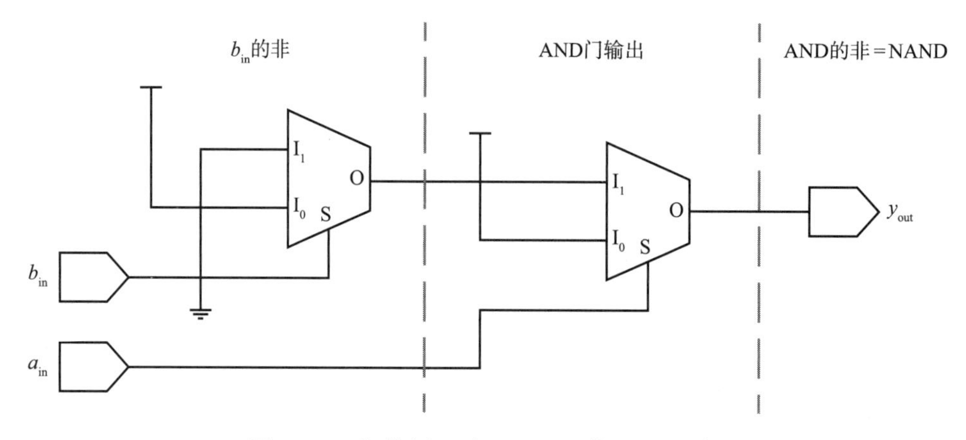

图 2.11 仅使用二选一 MUX 的 NAND 门

4. 使用二选一 MUX 组成 NOR 门

现在让我们延续上文的策略，用最少的二选一 MUX 实现 2 输入 NOR 门。表 2.9 有四个条目，这些条目被分为两组。对于前两个条目（$a_{in}=0$），如果我们将 b_{in} 与 y_{out} 进行比较，那么我们将得到一个输出 $y_{out}=\overline{b_{in}}$。对于接下来的两个条目（$a_{in}=1$），如果我们将 b_{in} 与 y_{out} 相比较，那么我们得到 $y_{out}=0$。

表 2.9　2 输入 NOR 门的真值表

a_{in}	b_{in}	y_{out}
0	0	1
0	1	0
1	0	0
1	1	0

为了实现 2 输入 NOR 门，我们需要设置一个二选一 MUX 和一个 NOT 门（图 2.12），但这并不是正确的方法，因为我们的目标是只用二选一 MUX 来实现 2 输入 NOR 门。

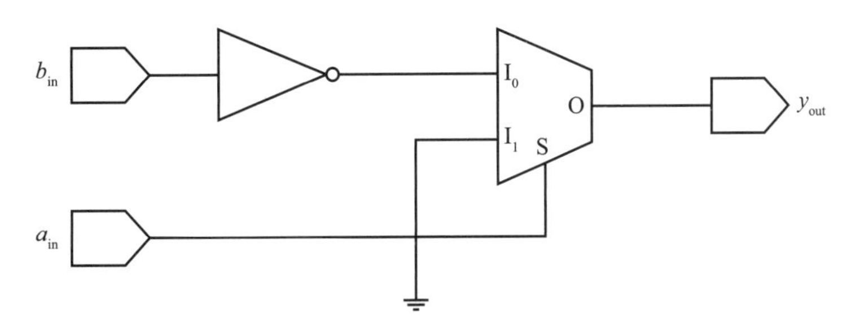

图 2.12　使用二选一 MUX 和 NOT 门的 NOR 门

如表 2.10 所示，当 $a_{in}=0$ 时，输出 $y_{out}=\overline{b_{in}}$。因此，为了实现 b_{in} 的非，我们需要多设置一个二选一 MUX（图 2.13）

表 2.10　2 输入 NOR 门的真值表

sel_in = a_{in}	y_{out}
0	$\overline{b_{in}}$
1	0

图 2.13 显示了使用最少的二选一 MUX 的 2 输入 NOR 门的实现。

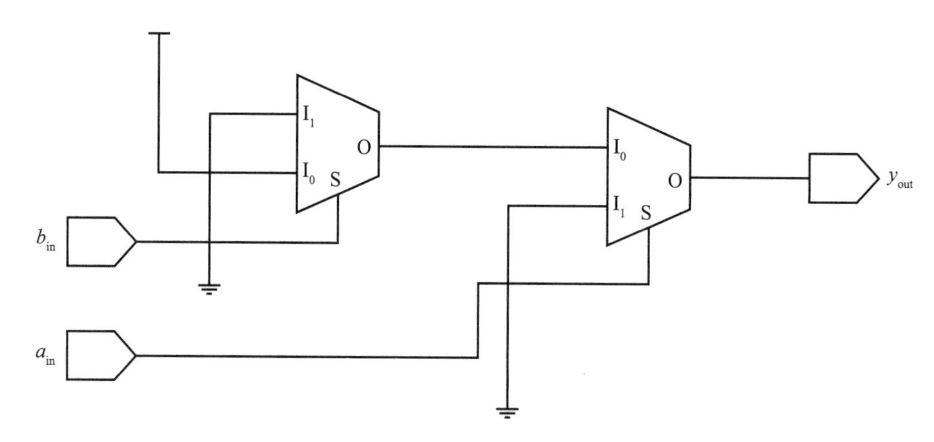

图 2.13 仅使用二选一 MUX 的 2 输入 NOR 门

2.3.2 使用二选一MUX组成四选一MUX

四选一 MUX（表 2.11）有两个选择输入 sel_in[1]、sel_in[0]，根据选择输入的状态，输出 a_{in}、b_{in}、c_{in}、d_{in} 中的一个被连接到 y_{out}。下面，我们用最少的二选一 MUX 来实现四选一 MUX。

表 2.11 四选一 MUX 的真值表

sel_in[1]	sel_in[0]	y_{out}
0	0	a_{in}
0	1	b_{in}
1	0	c_{in}
1	1	d_{in}

为了用最少的二选一 MUX 实现四选一 MUX，我们把四选一 MUX 真值表分成多个部分，如表 2.12 所示。从分区中可以看出，我们需要有三个二选一 MUX 来实现四选一 MUX。

表 2.12 使用二选一 MUX 实现四选一 MUX 的真值表

sel_in[1]	sel_in[0]	y_{out}
0	0	a_{in}
0	1	b_{in}
1	0	c_{in}
1	1	d_{in}

二选一 MUX

二选一 MUX

现在让我们把条目（表 2.13）记录下来，如图 2.14 所示，得到四选一 MUX 的输出。

表 2.13 MUX 输出条目

sel_in[1]	y_{out}
0	y_1
1	y_2

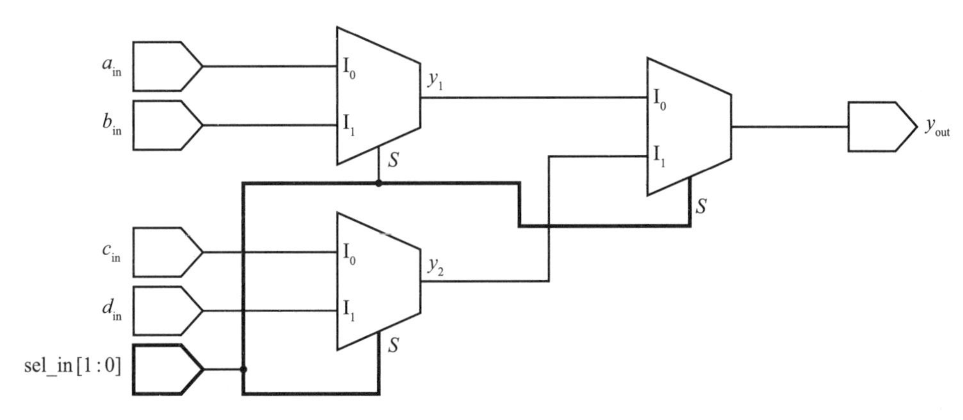

图 2.14 仅使用二选一 MUX 的四选一 MUX

2.3.3 使用MUX的设计

在实际设计中，我们可以使用最少的 MUX 来实现以下内容：

（1）乘积之和（SOP）形式的布尔函数。

（2）多路时钟复用。

（3）地址总线和数据总线的复用。

（4）编码转换器的实现，如格雷码转二进制和二进制转格雷码。

（5）引脚复用。

逻辑设计工程师的目标是：使用最少数量的二选一 MUX 来实现给定逻辑，即使在这个过程中，级联的 MUX 会以增加传播延迟的方式降低整体的频率。

2.4 VLSI背景下的目标

在 VLSI 设计方面，以下是设计者的目标：

（1）了解要实现的布尔函数，制定策略，目的是使用最少的逻辑门。

（2）使用最少的通用门来实现组合逻辑。

（3）使用最少的 MUX，同时要尽可能避免级联。

（4）在使用 MUX 实现设计时，避免使用优先逻辑。使用基于 MUX 的逻辑来实现引脚复用和组合逻辑。

2.5 例 题

现在让我们借助对通用门和德·摩根定律的理解，以面积优化为目标，完成下面的练习。

【例题 1】 使用图 2.15 所示的自定义门，设计 2 输入 NAND 门。

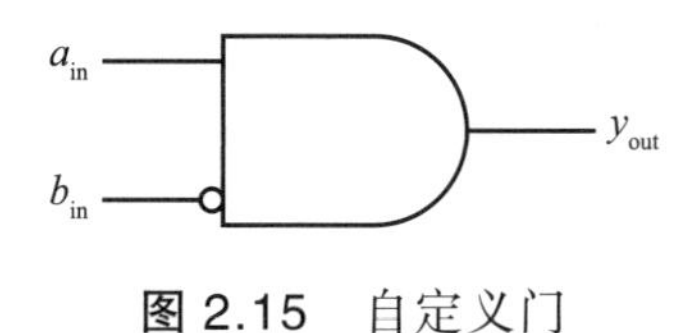

图 2.15 自定义门

解答过程：由于 NAND 是与的非，我们首先实现 AND 门，然后实现 AND 门的非逻辑，如图 2.16 所示。

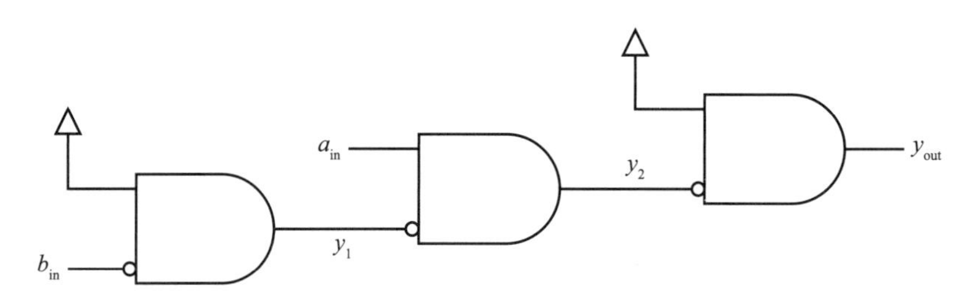

图 2.16 使用自定义门的 2 输入 NAND 门

图 2.16 中输出 y_{out} 的逻辑表达式如下：

$$y_1 = 1 \cdot \overline{b_{in}} = \overline{b_{in}}$$

$$y_2 = \overline{\overline{b_{in}}} \cdot a_{in} = a_{in} \cdot b_{in}$$

$$y_{out} = 1 \cdot \overline{y_2} = \overline{a_{in} \cdot b_{in}}$$

通过使用上述自定义门，我们可以实现 NAND 门，因此我们可以把这个自定义门当作通用门来使用。

【例题 2】 使用最少的二选一 MUX 设计 XOR 门。

解答过程：最好的策略是使用 XOR 门的真值表（表 2.14）。由表 2.14 可知，条目数为 4，前两个条目中 $a_{in}=0$，后两个条目中 $a_{in}=1$，为了实现“使用最少的二选一 MUX 设计 XOR 门”的目标，我们比较一下 MUX 的 b_{in} 和 XOR 门的 y_{out}。

表 2.14 XOR 门真值表

a_{in}	b_{in}	y_{out}
0	0	0
0	1	1
1	0	1
1	1	0

如表 2.15 所示，$a_{in}=0$ 时，$y_{out}=b_{in}$；$a_{in}=1$ 时，$y_{out}=\overline{b_{in}}$。

表 2.15 实现 XOR 门的真值表

a_{in}	y_{out}
0	b_{in}
1	$\overline{b_{in}}$

因此，如图 2.17 所示，使用两个二选一 MUX 可以实现 XOR 门。

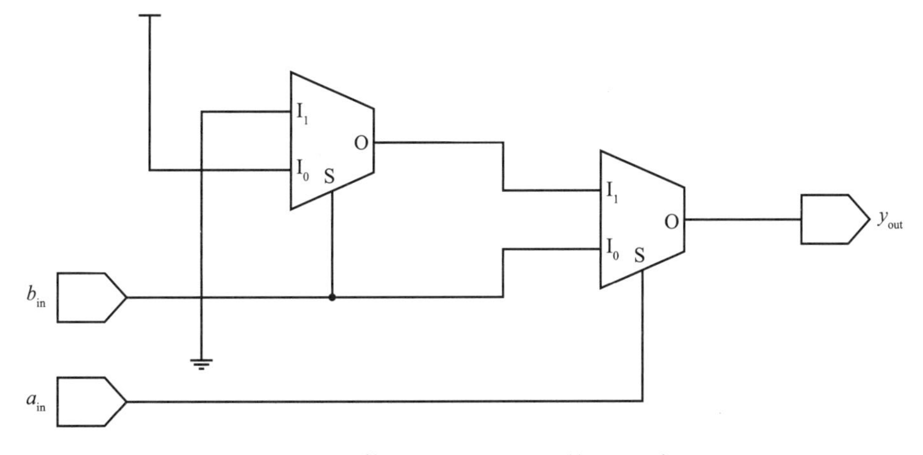

图 2.17 使用二选一 MUX 的 XOR 门

【例题 3】使用最少的二选一 MUX 设计 XNOR 门。

解答过程：与上一例题的策略相似，现在需要借助 XNOR 门的真值表（表 2.16）。由表 2.16 可知，条目数为 4，前两个条目中 $a_{in}=0$，后两个条目中 $a_{in}=1$。为了实现“使用最少的二选一 MUX 设计 XNOR 门”的目标，我们比较一下 XNOR 门的输入 b_{in} 和输出 y_{out}。

表 2.16 2 输入 XNOR 门真值表

a_{in}	b_{in}	y_{out}
0	0	1
0	1	0
1	0	0
1	1	1

如表 2.17 所示，$a_{in}=0$ 时，$y_{out}=\overline{b_{in}}$；$a_{in}=1$ 时，$y_{out}=b_{in}$。

表 2.17 实现 XNOR 的真值表

a_{in}	y_{out}
0	$\overline{b_{in}}$
1	b_{in}

因此，如图 2.18 所示，使用两个二选一 MUX 可以实现 XNOR 门。

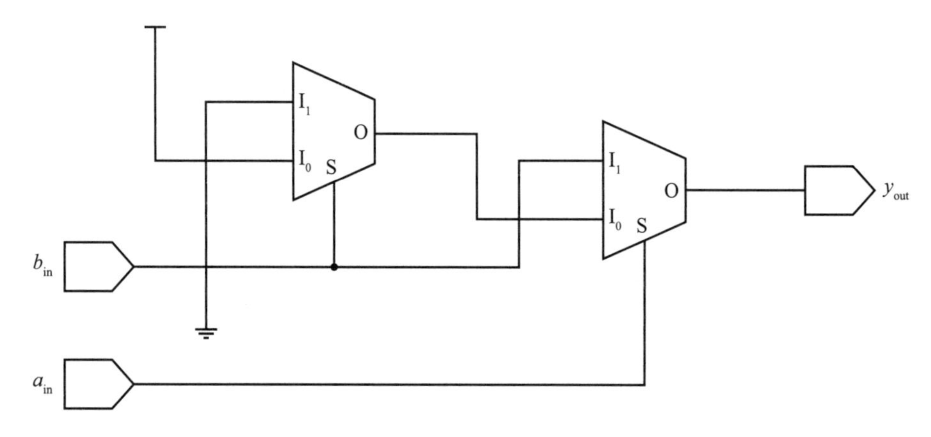

图 2.18 使用二选一 MUX 的 XNOR 门

【例题 4】使用图 2.19 所示的自定义门，设计 2 输入 NOR 门。

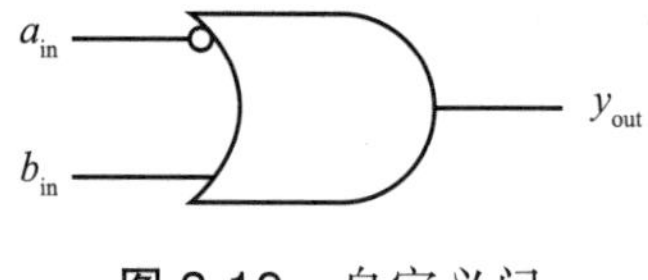

图 2.19 自定义门

解答过程：由于 OR 的非是 NOR，因此我们可以先实现 OR 门，再实现 OR 的非，如图 2.20 所示。

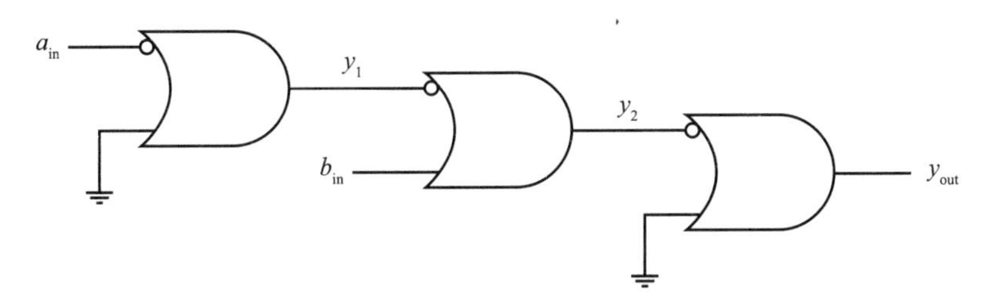

图 2.20 使用自定义门的 2 输入 OR 门

图 2.20 中输出 y_{out} 的逻辑表达式如下：

$$y_1 = 0 + \overline{a_{in}} = \overline{a_{in}}$$
$$y_2 = \overline{\overline{a_{in}}} + b_{in} = a_{in} + b_{in}$$
$$y_{out} = 0 + \overline{y_2} = 0 + \overline{a_{in} + b_{in}} = \overline{a_{in} + b_{in}}$$

通过使用上述自定义门，我们可以实现 NOR 门，因此我们可以将这个自定义门视为通用门。

【**例题 5**】使用最少的二选一 MUX 设计 NOR 门。

解答过程：最好的策略是使用NOR门的真值表（表2.18）。由表2.18可知，条目数为4，前两个条目中 $a_{in}=0$，后两个条目中 $a_{in}=1$，为了实现“使用最少的二选一 MUX 实现 NOR 门”的目标，我们比较一下 NOR 门的输入 b_{in} 和输出 y_{out}。

表 2.18 NOR 门的真值表

a_{in}	b_{in}	y_{out}
0	0	1
0	1	0
1	0	0
1	1	0

如表 2.19 所示，$a_{in}=0$ 时，$y_{out}=\overline{b_{in}}$；$a_{in}=1$ 时，$y_{out}=0$。

表 2.19 使用二选一 MUX 实现的 NOR 门

a_{in}	y_{out}
0	$\overline{b_{in}}$
1	0

因此，如图 2.21 所示，使用两个二选一 MUX 可以实现 NOR 门。

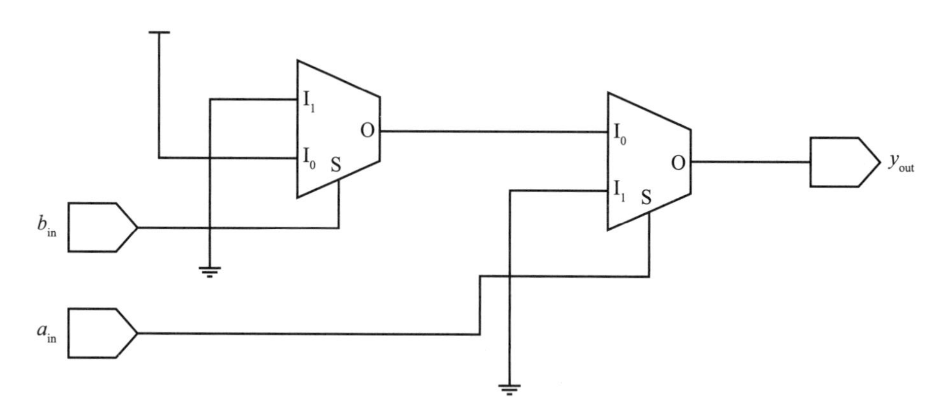

图 2.21 使用二选一 MUX 的 2 输入 NOR 门

使用 NOT 门可以优化 MUX 以获得 b_{in} 的非，因此，如图 2.22 所示，可以通过一个二选一 MUX 和一个 NOT 门实现 NOR 门。

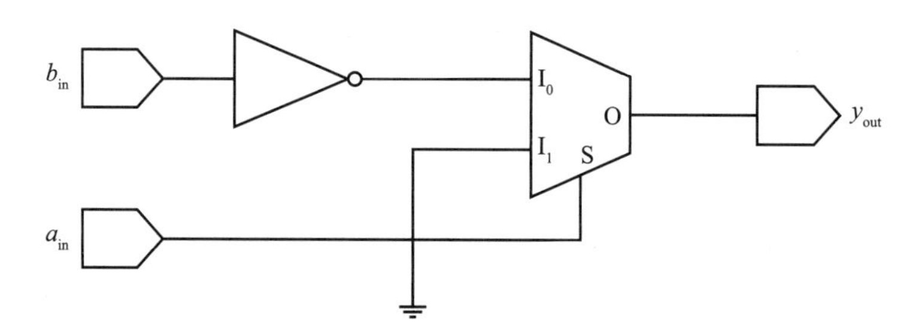

图 2.22 使用 NOT 门和二选一 MUX 的 NOR 门

【例题 6】使用最少的二选一 MUX 设计时钟复用单元（假设：clk_select = 1 时，输出是 clk_1；clk_select = 0 时，输出是 clk_2）。

解答过程：只有两个时钟输入，真值表如表 2.20 所示，条目数为 2，clk_select = 0 时，$y_{out} = clk_2$；clk_select = 1 时，$y_{out} = clk_1$。

表 2.20 时钟复用单元真值表

clk_select	y_{out}
0	clk_2
1	clk_1

如图 2.23 所示，控制信号 S = clk_select，输入 $I_1 = clk_1$，输入 $I_0 = clk_2$，我们可以从单个二选一 MUX 中得到 clk_out。

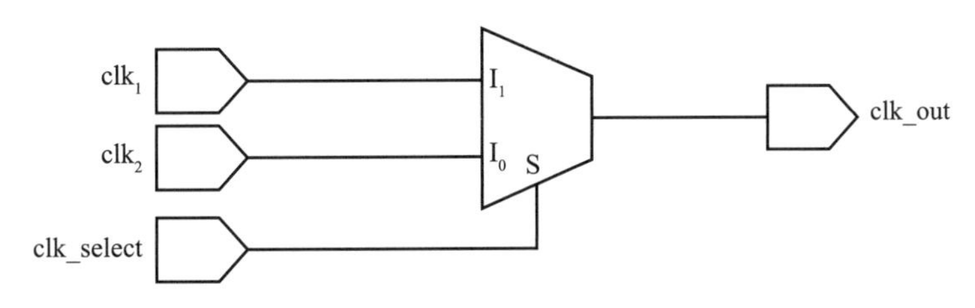

图 2.23 时钟复用单元设计图

【例题 7】使用最少的合适的 MUX 设计以下函数：

$$f(\text{sel\_in}[1], \text{sel\_in}[0]) = \sum m(1, 2)$$

解答过程：给定函数是乘积之和（SOP），如表 2.21 所示，条目数为 4，sel_in 为 1 和 2 时（此处的 1 和 2 为十进制，对应的二进制为 01 和 10），输出 f 为逻辑 1；对于其他情况，输出 f 为逻辑 0。

表 2.21 给定函数的真值表

sel_in[1]	sel_in[0]	$f = y_{out}$
0	0	0
0	1	1
1	0	1
1	1	0

可以在单个四选一 MUX 的输入端通过上拉（Vdd）或下拉（Vss）来实现，如图 2.24 所示。MUX 的控制线是 sel_in[1]，sel_in[0]，MUX 的输出是 y_{out}。输入 $I_0 = 0$，$I_1 = 1$，$I_2 = 1$，$I_3 = 0$。

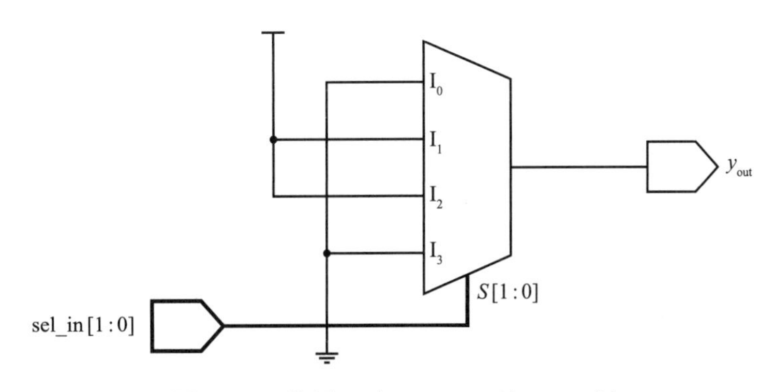

图 2.24 使用四选一 MUX 的 XOR 门

扩展练习：使用例题 2 中的策略，用最少的二选一 MUX 实现设计。

【例题 8】使用最少的合适的 MUX 设计以下 SOP 函数：

$$f(\text{sel\_in}[1], \text{sel\_in}[0]) = \sum m(0, 3)$$

解答过程：给定函数是乘积之和，如表 2.22 所示，条目数为 4，sel_in 为 0 或 3 时（此处的 0 和 3 为十进制，对应的二进制为 00 和 11），输出 f 等于逻辑 1；对于其他情况，即 1 和 2 而言（此处的 1 和 2 为十进制，对应的二进制为 01 和 10），输出为逻辑 0。

表 2.22 给定函数的真值表

sel_in[1] = a_{in}	sel_in[0] = b_{in}	$f = y_{out}$
0	0	1
0	1	0
1	0	0
1	1	1

上述的讨论可以在单个四选一 MUX 的输入端通过上拉（Vdd）或下拉（Vss）来实现，如图 2.25 所示。MUX 的控制线是 sel_in[1]，sel_in[0]，输出是 y_{out}。输入是 $I_0 = 1$，$I_1 = 0$，$I_2 = 0$ 和 $I_3 = 1$。

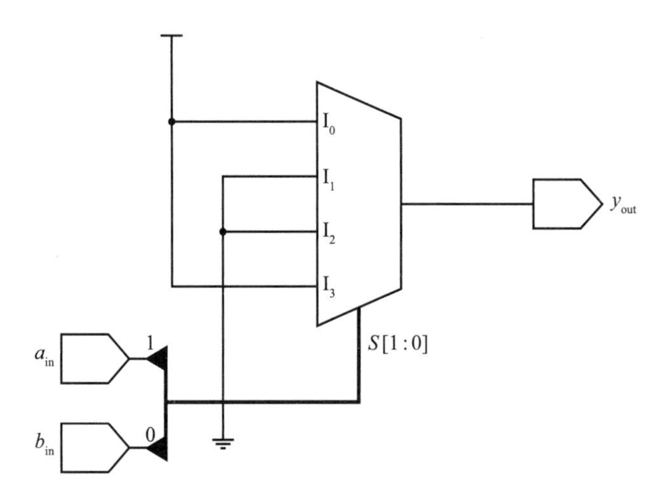

图 2.25 使用四选一 MUX 的 XNOR

扩展练习：使用例题 2 中的策略，用最少的二选一 MUX 实现设计。

2.6 小 结

以下是本章的几个重点：

（1）NAND 门和 NOR 门是通用门。

（2）最少使用 4 个 2 输入 NAND 门，设计人员可以实现 2 输入 XOR 门。

（3）实现 2 输入 XNOR 门所需 2 输入 NOR 门的最少数量是 4。

（4）MUX 被用来实现布尔函数。

（5）实现 XOR 门、XNOR 门、NOR 门和 NAND 门所需二选一 MUX 的最少数量是 2。

（6）只需要一个二选一 MUX，设计人员就可以实现 NOT 门、OR 门、AND 门。

（7）MUX 被用于设计中的引脚复用和时钟复用。

第3章　组合电路设计资源

各种组合电路资源和设计技术对设计算术和其他处理逻辑很有用。

本章主要介绍各种代码转换器、组合逻辑的设计资源和算术资源，其中介绍的设计技术对设计组合或胶合逻辑很有用。此外，本章还将着重介绍各种性能改进技术及其在组合逻辑设计中的应用。

3.1 代码转换器

大多数时候，我们在设计中使用二进制到格雷码的代码转换器和格雷码到二进制的代码转换器。由于在两个连续的格雷码中，只有一个位发生变化，因此格雷码常被用来改善设计的整体功耗。这些代码转换器主要应用于多时钟域设计和 FSM 设计中。

3.1.1 三位自然二进制码到格雷码的转换器

三位自然二进制码到格雷码的转换真值表如表 3.1 所示，描述了三位自然二进制码和格雷码之间的关系。

表 3.1 三位自然二进制码到格雷码的转换真值表

三位自然二进制码	三位格雷码
000	000
001	001
010	011
011	010
100	110
101	111
110	101
111	100

本节主要介绍三位自然二进制码到格雷码的转换器的设计。下面，我们使用拥有三个变量的卡诺图来推导出 g_{2_out}、g_{1_out} 和 g_{0_out}。

作为一个组合逻辑，g_{2_out}、g_{1_out} 和 g_{0_out} 是 b_{2_in}、b_{1_in} 和 b_{0_in} 的函数。

首先，我们按照图 3.1 所示的卡诺图对 g_{2_out} 进行逻辑表达：

$$g_{2\_out} = b_{2\_in}$$

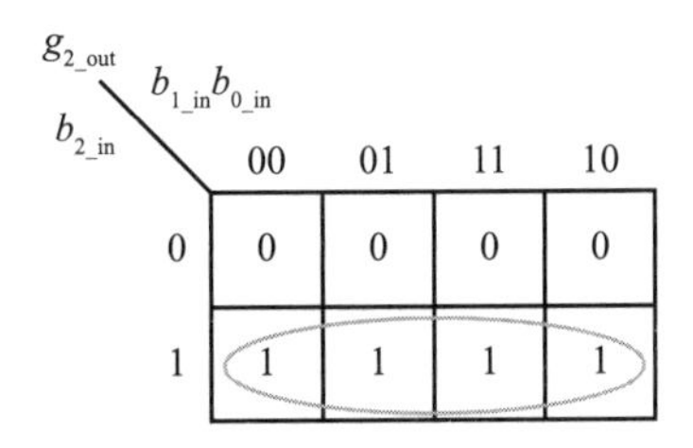

图 3.1 g_{2_out} 的卡诺图

接着，我们按照图 3.2 所示的卡诺图对 g_{1_out} 进行逻辑表达：

$$
\begin{aligned}
g_{1\_out} &= \overline{b_{2\_in}} \cdot b_{1\_in} + \overline{b_{1\_in}} \cdot b_{2\_in} \\
&= b_{2\_in} \oplus b_{1\_in}
\end{aligned}
$$

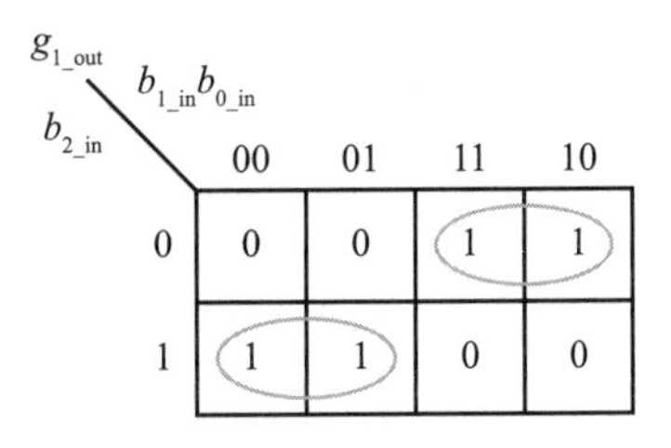

图 3.2 g_{1_out} 的卡诺图

最后，我们按照图 3.3 所示的卡诺图对 g_{0_out} 进行逻辑表达：

$$
\begin{aligned}
g_{0\_out} &= \overline{b_{1\_in}} \cdot b_{0\_in} + \overline{b_{0\_in}} \cdot b_{1\_in} \\
&= b_{1\_in} \oplus b_{0\_in}
\end{aligned}
$$

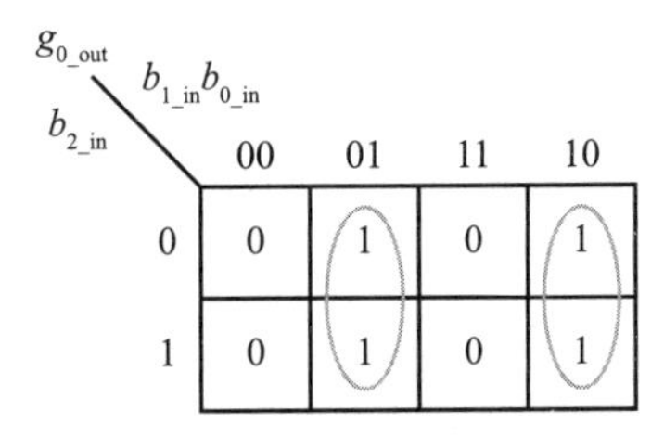

图 3.3 g_{0_out} 的卡诺图

所以为了实现三位自然二进制码到格雷码的转换，我们需要有两个 2 输入 XOR 门。图 3.4 显示了三位自然二进制码到格雷码的转换器的设计。

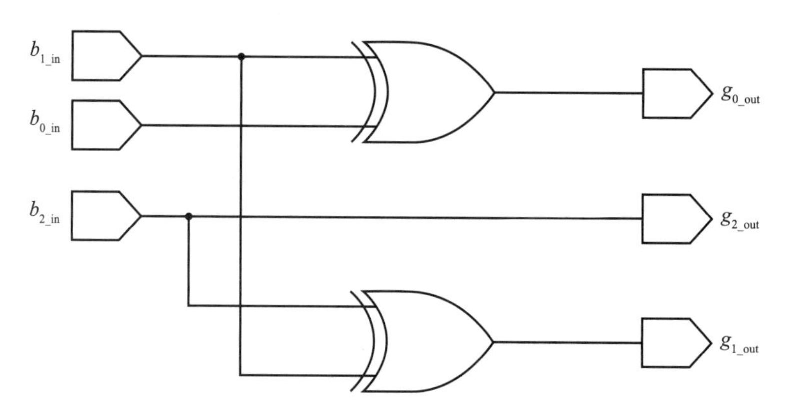

图 3.4 三位自然二进制码到格雷码的转换器

3.1.2 三位格雷码到自然二进制码的转换器

三位格雷码到自然二进制码的转换真值表如表 3.2 所示，描述了三位格雷码（g_{2_in}、g_{1_in} 和 g_{0_in}）和自然二进制码（b_{2_out}、b_{1_out}、b_{0_out}）之间的关系。

表 3.2 三位格雷码和自然二进制码的转换真值表

三位格雷码	三位自然二进制码
000	000
001	001
011	010
010	011
110	100
111	101
101	110
100	111

本节主要介绍三位格雷码到自然二进制码的转换器的设计。下面，我们使用拥有三个变量的卡诺图来推导出 b_{2_out}、b_{1_out} 和 b_{0_out} 的表达式。

作为一个组合逻辑，g_{2_out}、g_{1_out} 和 g_{0_out} 是 b_{2_in}、b_{1_in} 和 b_{0_in} 的函数。

首先，我们使用图 3.5 所示的卡诺图对 b_{2_out} 进行逻辑表达：

$$b_{2\_out} = g_{2\_in}$$

接着，我们按照图 3.6 所示的卡诺图对 b_{1_out} 进行逻辑表达：

$$\begin{aligned} b_{1\_out} &= \overline{g_{2\_in}} \cdot g_{1\_in} + \overline{g_{1\_in}} \cdot g_{2\_in} \\ &= g_{2\_in} \oplus g_{1\_in} \end{aligned}$$

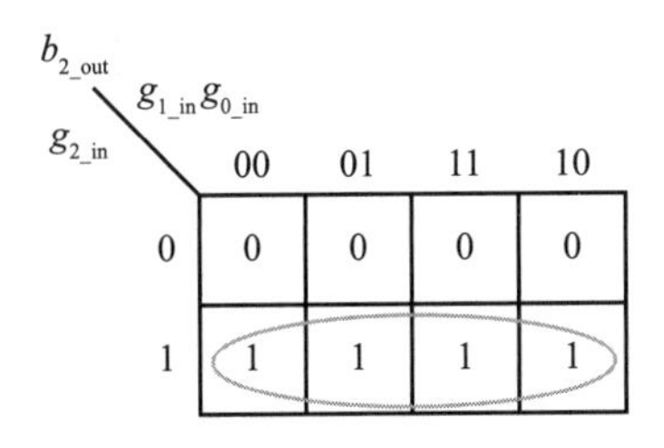

图 3.5 b_{2_out} 的卡诺图

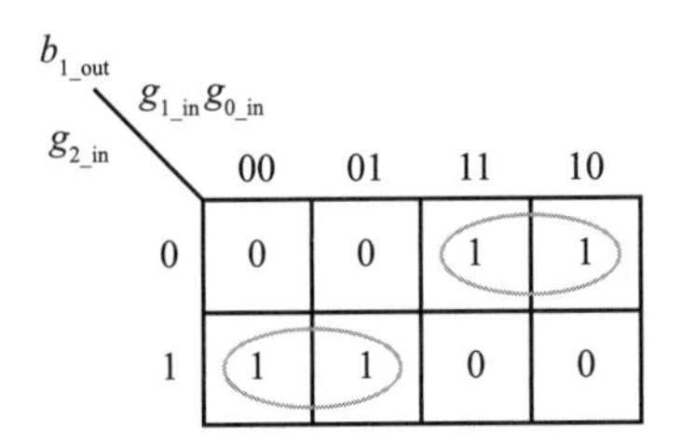

图 3.6 b_{1_out} 的卡诺图

最后，我们按照图 3.7 所示的卡诺图对 b_{0_out} 进行逻辑表达：

$$b_{0\_out} = \overline{g_{2\_in}} \cdot \overline{g_{1\_in}} \cdot g_{0\_in} + \overline{g_{2\_in}} \cdot \overline{g_{0\_in}} \cdot g_{1\_in} + g_{2\_in} \cdot \overline{g_{1\_in}} \cdot \overline{g_{0\_in}} + g_{2\_in} \cdot g_{1\_in} \cdot g_{0\_in}$$

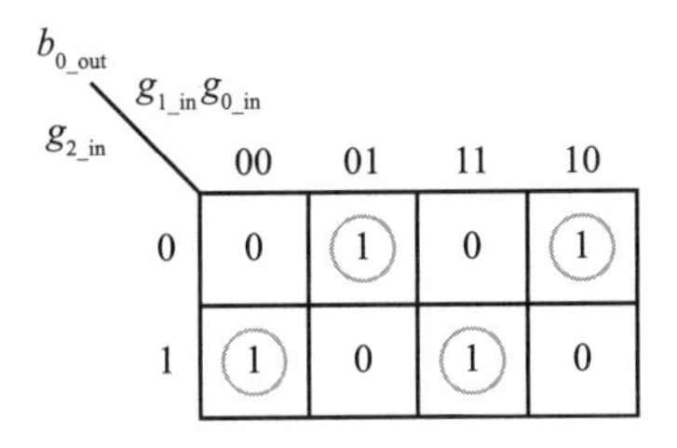

图 3.7 b_{0_out} 的卡诺图

因此，为了实现三位格雷码到自然二进制码的转换，我们需要有两个 2 输入 XOR 门。图 3.8 显示了三位格雷码到自然二进制码的转换器的设计。

在 VLSI 设计方面，以下是上文中提到的代码转换器的用途：

（1）自然二进制码到格雷码的转换器被用于多时钟域设计。

（2）因为在两个连续的格雷码中，只有一个位发生变化，所以格雷码的指针和计数器常用于多时钟域设计。

（3）如果格雷码从一个时钟域传递到另一个时钟域，那么为了得到对应的自然二进制码，格雷码到自然二进制码的转换器就很有用。

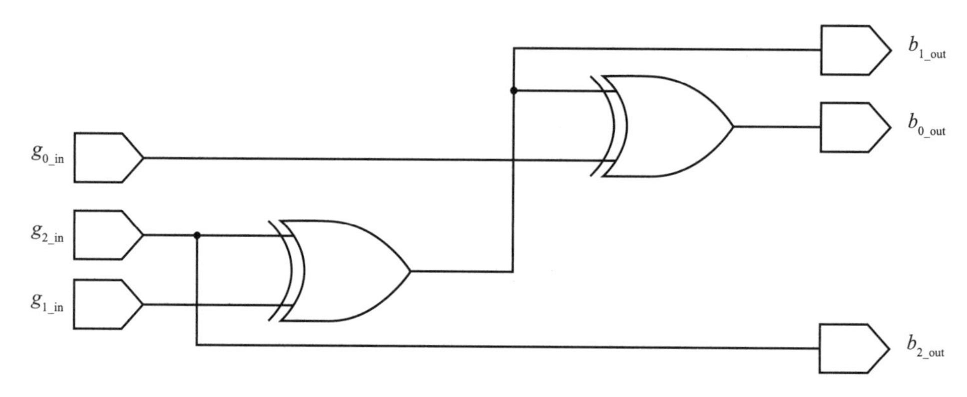

图 3.8　三位格雷码到自然二进制码的转换器

3.2 算术资源

下面我们使用加法器和减法器等资源来进行算术运算。乘法可以是连续的加法运算，而除法是移位运算和减法运算。为了设计算术单元和逻辑单元，我们可以考虑将加法器和减法器与其他组合逻辑电路（如逻辑门和多路选择器）一起使用。本节主要介绍算术资源及其在数字设计中的作用。

3.2.1 半加器

我们大多数人都熟悉半加器，它执行 a_{in} 和 b_{in} 的加法，产生 sum_out 和 carry_out 的结果。半加器的真值表如表 3.3 所示。

表 3.3　半加器真值表

a_{in}	b_{in}	sum_out	carry_out
0	0	0	0
0	1	1	0
1	0	1	0

我们通过真值表得到 sum_out 和 carry_out 的布尔函数：

$$\text{sum\_out}(a_{in},\ b_{in}) = \sum m(1,\ 2)$$

sum_out 的卡诺图如图 3.9 所示。

sum_out 的布尔方程是由卡诺图中圈出的 1 所对应的逻辑关系得出的：

$$\begin{aligned}\text{sum\_out} &= \overline{a_{in}} \cdot b_{in} + \overline{b_{in}} \cdot a_{in} \\ &= a_{in} \oplus b_{in}\end{aligned}$$

carry_out 的卡诺图如图 3.10 所示。

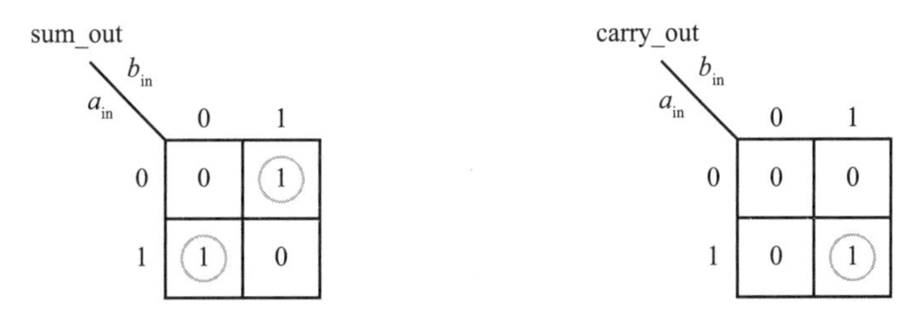

图 3.9 sum_out 的卡诺图　　图 3.10 carry_out 的卡诺图

carry_out 的布尔方程是由卡诺图中圈出的 1 所对应的逻辑关系得出的：

$$\begin{aligned}\text{carry\_out}(a_{in}, b_{in}) &= \sum m(3) \\ &= a_{in} \cdot b_{in}\end{aligned}$$

半加器的设计如图 3.11 所示。

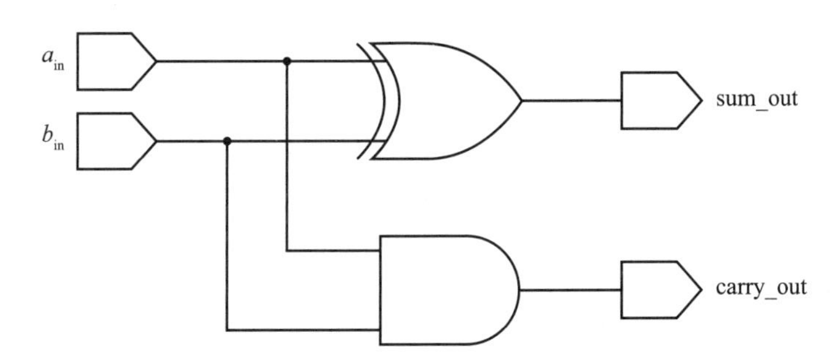

图 3.11 使用逻辑门的半加器

3.2.2 半减器

顾名思义，半减器是用来进行 a_{in} 和 b_{in} 的减法，它产生的输出是 diff_out 和 borrow_out。半减器的真值表如表 3.4 所示。

表 3.4 半减器真值表

a_{in}	b_{in}	diff_out	borrow_out
0	0	0	0
0	1	1	1
1	0	1	0
1	1	0	0

我们通过真值表得到 diff_out 和 borrow_out 的布尔函数：

$$\text{diff\_out}(a_{in}, b_{in}) = \sum m(1, 2)$$

diff_out 的卡诺图如图 3.12 所示。

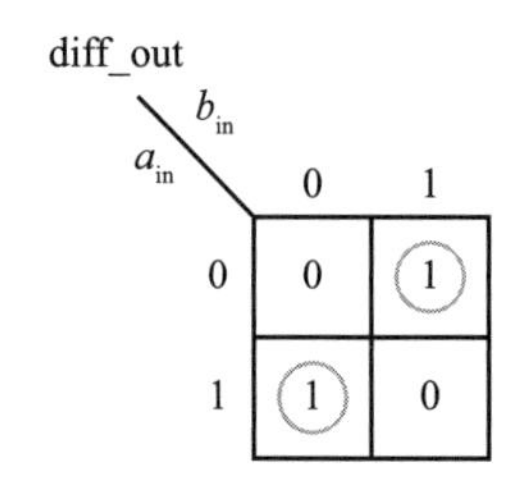

图 3.12 diff_out 的卡诺图

diff_out 的布尔方程是由卡诺图中圈出的 1 所对应的逻辑关系得出的：

$$\begin{aligned}\text{diff\_out} &= \overline{a_{in}} \cdot b_{in} + \overline{b_{in}} \cdot a_{in} \\ &= a_{in} \oplus b_{in}\end{aligned}$$

borrow_out 的卡诺图如图 3.13 所示。

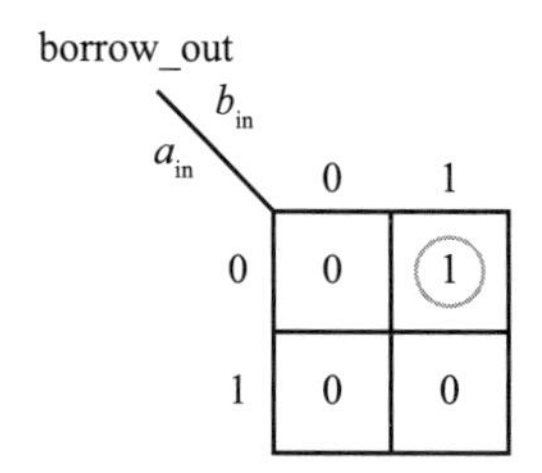

图 3.13 borrow_out 的卡诺图

borrow_out 的布尔方程是由卡诺图中圈出的 1 所对应的逻辑关系得出的：

$$\begin{aligned}\text{borrow\_out}(a_{in}, b_{in}) &= \sum m(1) \\ &= \overline{a_{in}} \cdot b_{in}\end{aligned}$$

半减器的设计如图 3.14 所示。

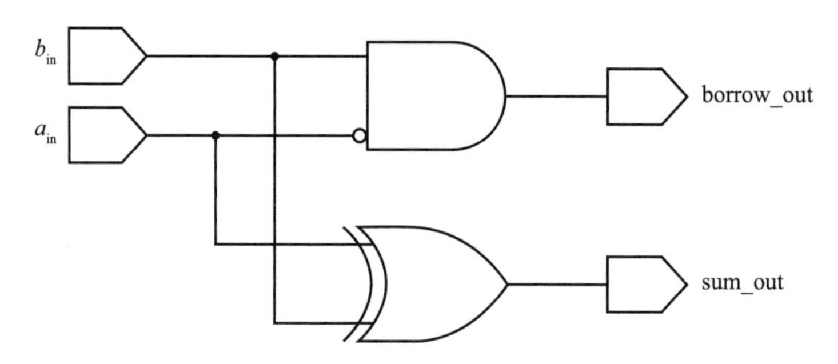

图 3.14 使用逻辑门的半减器

在 VLSI 设计方面，以下是使用加法器时的几个要点：

（1）加法器是用来进行加法运算的，设计者应避免使用级联加法器。

（2）减法是补码的加法，为了进行加减法运算，要尽量利用公共资源。

（3）与 MUX 相比，加法器消耗的面积更大，因此建议使用较少数量的加法器和较多数量的 MUX。

3.2.3　全加器

全加器使用输入 a_{in}、b_{in} 和进位输入 c_{in} 进行加法运算，它产生的输出是 sum_out 和 carry_out。全加器的真值表如表 3.5 所示。

表 3.5　全加器的真值表

a_{in}	b_{in}	c_{in}	sum_out	carry_out
0	0	0	0	0
0	0	1	1	0
0	1	0	1	0
0	1	1	0	1
1	0	0	1	0
1	0	1	0	1
1	1	0	0	1
1	1	1	1	1

全加器可以使用级联的半加器来设计。为了生成 carry_out，设计人员需要使用 OR 门。使用两个半加器和一个 OR 门可以组成图 3.15 所示的全加器。

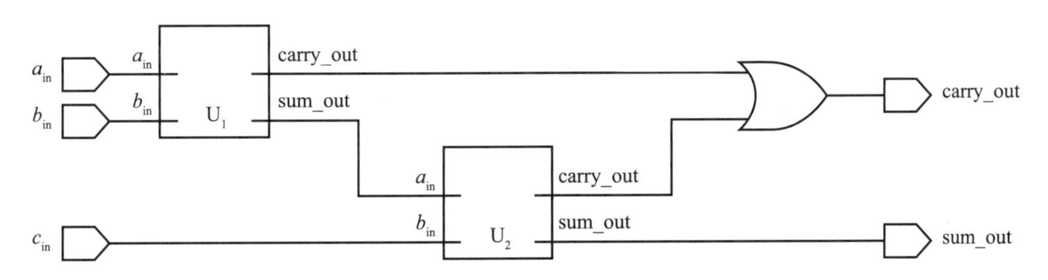

图 3.15　使用半加器和 OR 门的全加器

3.3　在设计中使用算术资源

本节主要介绍使用算术资源时的设计场景。假设我们需要执行 a_{in}、b_{in}、c_{in} 和 d_{in} 的加法，其表达式如下所示：

$$y_{out} = a_{in} + b_{in} + c_{in} + d_{in}$$

我们可以把四个数的加法两两分组，分别进行加法运算，如下所示：

$$y_{out}=(a_{in}+b_{in})+(c_{in}+d_{in})$$

这个策略将使用三个加法器，如图 3.16 所示，如果每个加法器有 1ns 的延迟，那么总延迟是 2ns。

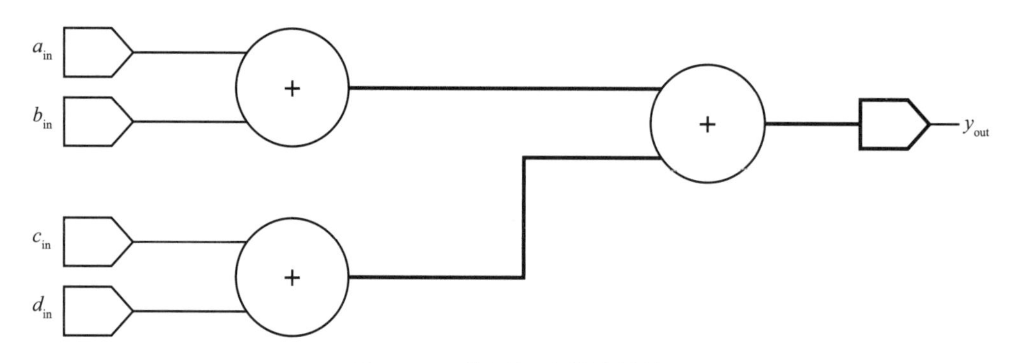

图 3.16 使用加法器的设计

3.4 使用算术资源和控制单元进行设计

我们在此介绍使用算术资源和 MUX 的设计方案。考虑如下的设计场景：对于控制输入逻辑 1，应执行 $a_{in}+b_{in}$；对于控制输入逻辑 0，应执行 $c_{in}+d_{in}$。

现在，我们应该采取什么策略来设计上面的算术运算电路呢？

我们可以使用加法器作为算术资源，通过 MUX 控制输入的状态，从而选择是操作 $a_{in}+b_{in}$，还是操作 $c_{in}+d_{in}$。这些操作如表 3.6 所示。

表 3.6 算术运算的设计

control_in	操 作	描 述
0	ADD（c_{in}，d_{in}）	进行 c_{in} 和 d_{in} 的加法运算
1	ADD（a_{in}，b_{in}）	进行 a_{in} 和 b_{in} 的加法运算

算术运算的设计如图 3.17 所示，输入端使用了两个加法器，它们分别对 $a_{in}+b_{in}$ 和 $c_{in}+d_{in}$ 进行运算。为了选择其中一个加法器产生的 result_out 和 carry_out，该设计在输出端使用了两个 MUX。

该设计使用了两个加法器和两个 MUX，所以设计的面积较大。设计人员可以参考优化目标和策略，利用资源共享的概念来优化算术资源。

基于处理器的设计的算术资源和设计优化策略将在下一节中讨论。

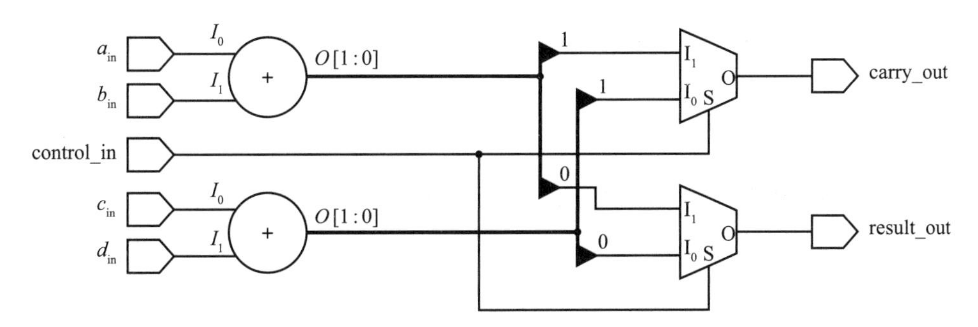

图 3.17 使用加法器和 MUX 的设计

3.5 优化目标

对于算术或逻辑电路的设计，主要的优化目标是：

（1）对面积进行优化。

（2）对频率进行优化。

我们可以在输出端使用加法器作为公用资源，在输入端使用 MUX 树，对 3.4 节所介绍的设计进行优化。表 3.7 显示了为实现资源共享而修改的操作。

表 3.7 以资源共享为目标

control_in	操 作	描 述
0	ADD（c_{in}，d_{in}）	每个二选一 MUX 的 I_0 分别为 c_{in}、d_{in}
1	ADD（a_{in}，b_{in}）	每个二选一 MUX 的 I_1 分别为 a_{in}、b_{in}

如表 3.7 所示，如果每个 MUX 的 I_0 输入分别为 c_{in}、d_{in}，那么对于 control_in = 0，加法器执行 $c_{in}+d_{in}$ 的操作。如果每个 MUX 的 I_1 输入分别为 a_{in}、b_{in}，那么对于 control_in = 1，加法器进行 $a_{in}+b_{in}$ 的操作。

该设计如图 3.18 所示，公用的资源是一个加法器，使用这种技术可以提高

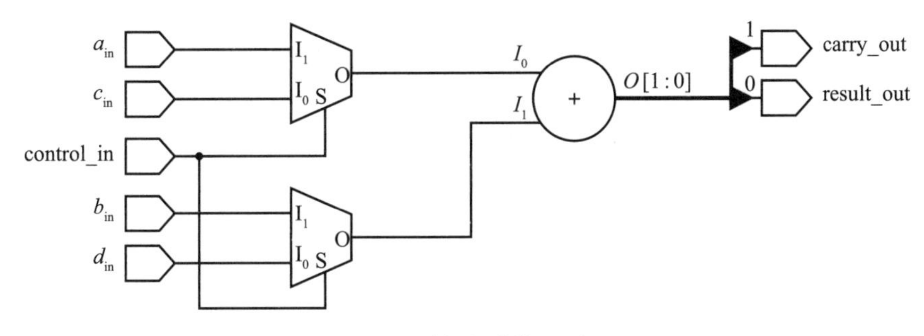

图 3.18 输出端资源公用

设计的频率并减小面积。关于 ALU 的设计以及数据和控制路径的优化，请参考第 4 章。

3.6 处理器中逻辑和算术资源的需求

在系统设计中，我们需要有处理器、存储器和 IO 设备。数字设计工程师应该对处理器的功能模块有深刻的理解。以 16 位的处理器为例，我们可以使用 16 位加法、16 位减法、16 位乘法、组合逻辑中的移位操作等算术资源来进行处理器的操作。

在设计这些操作时，我们的目标是使用最少的算术资源，设计面积尽可能小、传播延迟尽可能小的电路。关于架构设计和其他高级设计概念的更多细节，请参阅第 10 ~ 12 章。

3.7 例 题

本节介绍算术资源的使用和优化的练习，这些练习对于了解设计的频率和面积很有帮助。

【例题 1】对于图 3.19 所示的设计，假设每个逻辑门的传播延迟是 1ns，求传播延迟，同时，设计并行逻辑以改善设计的延迟。

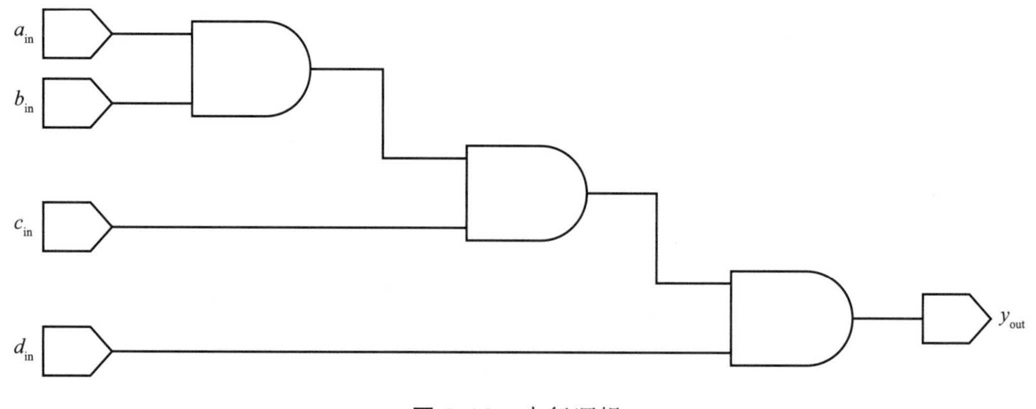

图 3.19 串行逻辑

解答过程：因为 AND 门是串行使用的，且每个 AND 门的延迟为 1ns，所以总体传播延迟为 3ns。

布尔方程 $y_{out}=a_{in}\cdot b_{in}\cdot c_{in}\cdot d_{in}$，我们可以通过对输入逻辑进行分组来使用并行逻辑：

$$y_{out}=(a_{in}\cdot b_{in})\cdot(c_{in}\cdot d_{in})$$

图 3.20 所示的设计使用了三个 AND 门，但由于 AND 门在输入端是并行使用的，因此总体传播延迟是 $2\times t_{pff}=2\times 1\text{ns}=2\text{ns}$。

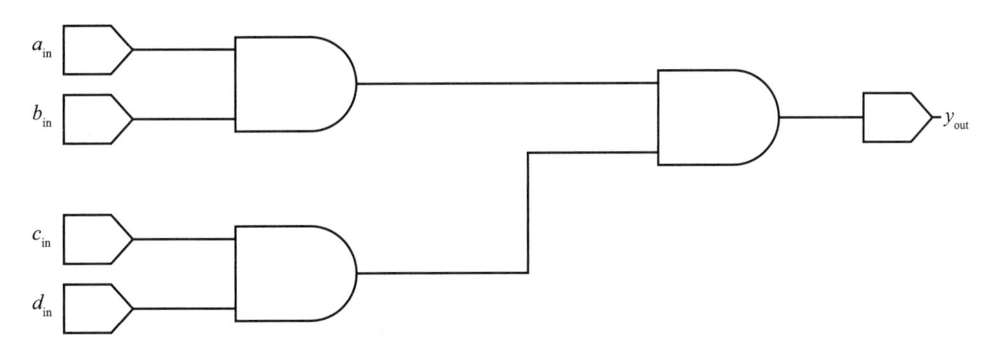

图 3.20 并行逻辑

【**例题 2**】对于图 3.21 所示的设计，假设每个加法器的传播延迟是 1ns，求传播延迟。

解答过程：布尔方程 $y_{out}=a_{in}+b_{in}+c_{in}+d_{in}$，使用的资源是三个加法器，因为每个加法器的传播延迟为 1ns，所以总体传播延迟为 $3\times 1\text{ns}=3\text{ns}$。

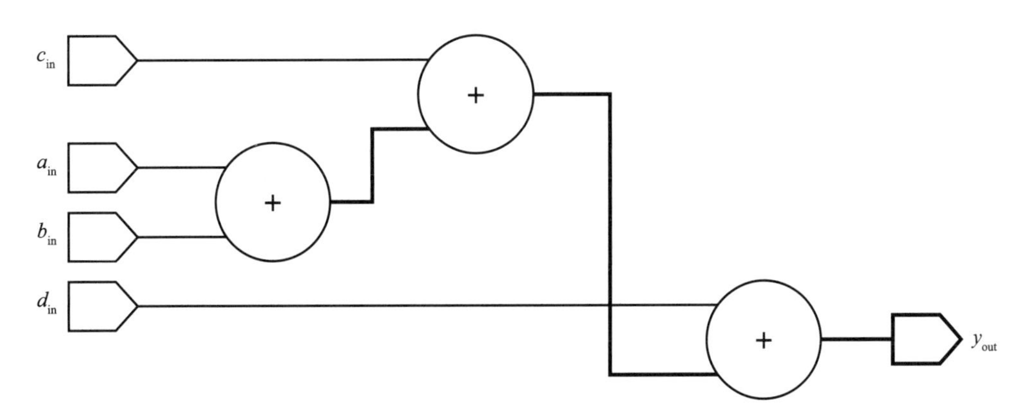

图 3.21 串行连接的加法器

【**例题 3**】对于图 3.22 所示的设计，假设每个门的传播延迟是 1ns，求传播延迟。

解答过程：对于图 3.22 所示的逻辑，NOT 门的延迟是 1ns，缓冲器的延迟也是 1ns，所以总体传播延迟是 $2\times 1\text{ns}=2\text{ns}$。

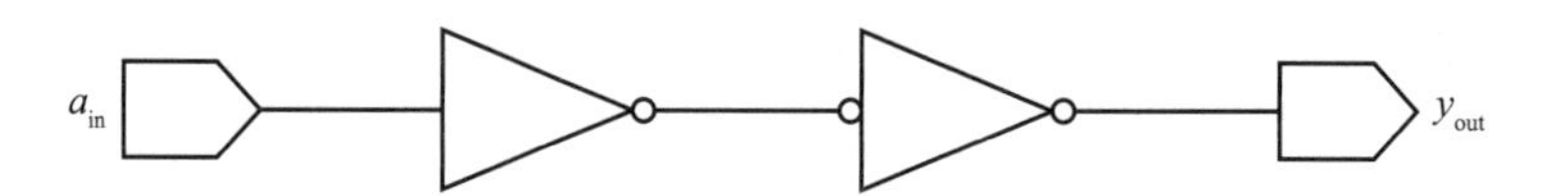

图 3.22 在串行连接中有奇数个 NOT 门

【例题 4】用最少的资源设计逻辑，以执行表 3.8 所示的操作。

表 3.8 加法 – 减法器

control_in	操 作	描 述
0	ADD(a_{in}，b_{in})	执行 a_{in} 和 b_{in} 的加法运算
1	SUB(a_{in}，b_{in})	执行 a_{in} 和 b_{in} 的减法运算

解答过程：如表 3.8 所述，control_in = 0 的操作是 a_{in} 和 b_{in} 的加法，control_in = 1 的操作是 a_{in} 和 b_{in} 的减法。我们可以利用加法器、减法器，以及用于 result_out、carry_out 的 MUX 等资源进行设计，如图 3.23 所示。

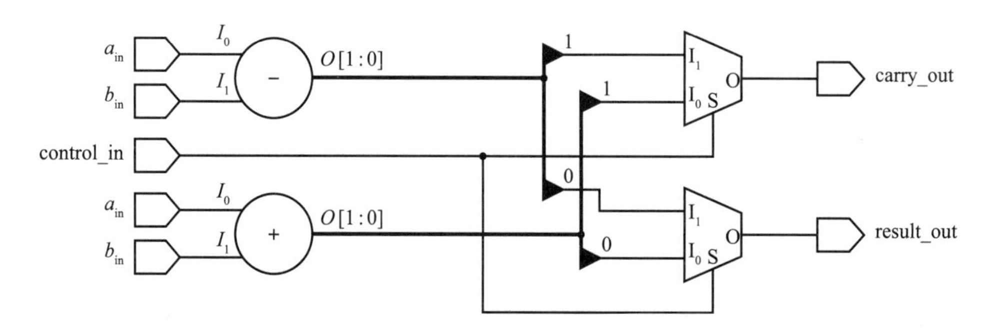

图 3.23 没有资源优化的加法和减法

【例题 5】使用资源优化的方法设计逻辑，以执行表 3.9 所示的操作。

表 3.9 加法和减法表

control_in	操 作	描 述
1	SUB（a_{in}，b_{in}）	执行 a_{in} 和 b_{in} 的减法运算
0	ADD（a_{in}，b_{in}）	执行 a_{in} 和 b_{in} 的加法运算

解答过程：由于目标是使用公用资源，我们可以考虑使用资源共享的方式，也就是用“二进制补码”的加法来进行减法运算，如表 3.10 所示。

表 3.10 资源共享策略

control_in	操 作	描 述
1	SUB（a_{in}，b_{in}）	$a_{in}-b_{in}=a_{in}+\overline{b_{in}}+1$
0	ADD（a_{in}，b_{in}）	$a_{in}+b_{in}=a_{in}+b_{in}+0$

我们可以使用一个加法器，通过控制信号的输入来控制加法器的输入，如表 3.11 所示。

表 3.11 取决于控制信号输入值的加法器输入

control_in	x	y
1	a_{in}	$\overline{b_{in}}$
0	a_{in}	b_{in}

图 3.24 显示了使用加法器作为公用资源，同时使用二选一 MUX 的组合逻辑的设计，该设计具有更小的面积、更高的频率和更低的功耗，因为该设计每次只进行一次操作。

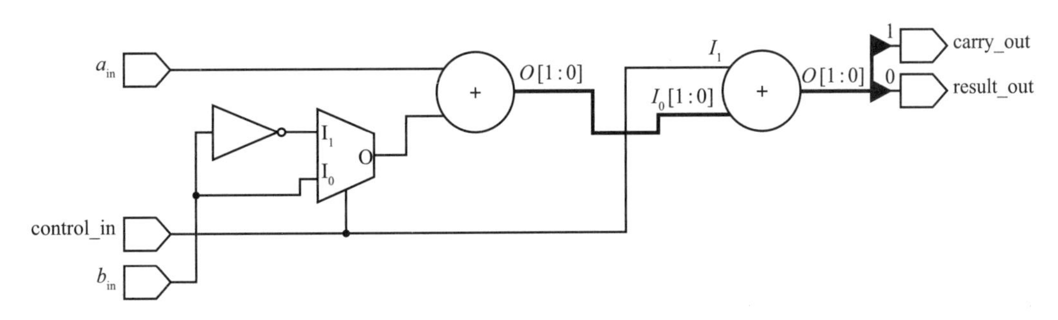

图 3.24 使用最少资源的加法和减法

3.8 小 结

以下是本章的几个重点：

（1）在两个连续的格雷码中，只有一个位发生变化，因此格雷码常被用来改善设计的整体功耗。

（2）使用 XOR 门设计了自然二进制码到格雷码的转换器和格雷码到自然二进制码的转换器。

（3）加法器被用来进行加法和减法运算。对于减法，我们可以转换成“二进制补码”的加法形式。

（4）级联逻辑增加了传播延迟。

（5）并行逻辑对于减少设计的整体传播延迟很有用。

（6）资源共享对于提高设计性能是很有帮助的。

第4章　案例研究：ALU设计

ALU设计应该使用较少的算术资源，有更好的数据路径设计和更好的控制路径设计。

本章我们将尝试使用组合资源和算术单元来设计数字电路，其目的是优化设计，使其具有最小的面积和最高的频率。

4.1 设计规范及其作用

考虑一下算术运算的设计，即加法和减法。处理单元根据“控制输入的状态”选择这两种操作中的一种进行执行。当 control_in 为逻辑 0 时，它执行加法运算，而当 control_in 为逻辑 1 时，它执行减法运算，如表 4.1 所示。

表 4.1 加减运算

控制输入	操 作	描 述
0	ADD（a_{in}，b_{in}）	执行 a_{in} 和 b_{in} 的加法运算
1	SUB（a_{in}，b_{in}）	执行 a_{in} 和 b_{in} 的减法运算

我们的思考过程应该是怎样的？

我们应该依据给定的功能规范来思考：

（1）有多少输入端口和输出端口？

（2）数据输入和输出端口的带宽是多少？

（3）有哪些不同的操作，我们可以使用哪些器件？

（4）我们能否复用资源？

通过考虑以上各点，我们开始设计逻辑。

现在，加法所需的资源是全加器，减法所需的资源是全减器。为了优化逻辑，我们可以用二进制补码的加法来执行减法运算。

$$\mathrm{ADD}(a_{in}, b_{in}) = a_{in} + b_{in} + 0$$
$$\mathrm{SUB}(a_{in}, b_{in}) = a_{in} - b_{in} = a_{in} + \sim b_{in} + 1$$

其中，“~”表示取反。

现在要从其中选择一个操作，我们可以考虑使用 MUX 逻辑。MUX 的输入是由 control_in 控制的，对于 control_in = 0，它执行加法运算，而对于 control_in = 1，它执行减法运算。

该设计如图 4.1 所示，有加法器、MUX 等资源。这里的问题是该结构逻辑效率不高，因为加法和减法都是在同一时间进行的，在输出端使用 MUX，选择其中一个操作输出。这种串行逻辑将导致面积更大、功耗更高、频率更低。

甚至该设计也没有更好的数据路径优化和控制路径优化。所以，我们需要进行逻辑优化，以便使设计有更小的面积、更高的频率和更低的功耗。

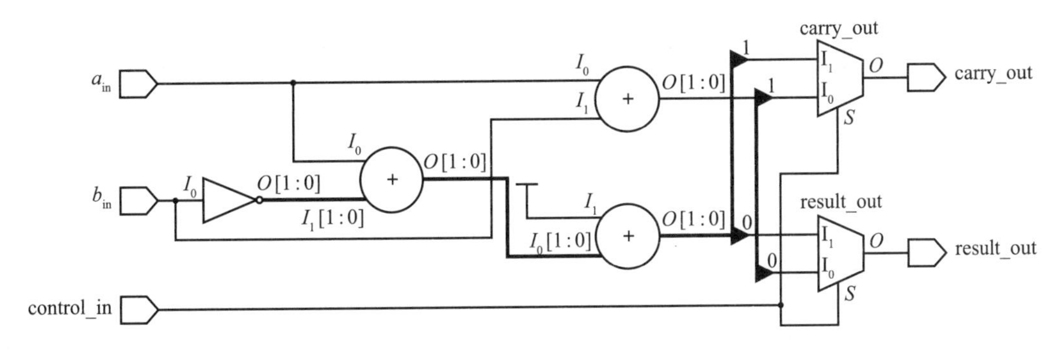

图 4.1 加法和减法

4.2 什么是ALU？

ALU 是一个算术逻辑单元，用于执行各种算术运算和逻辑运算。ALU 设计应该使用最少的逻辑门，而它一次只执行一个操作。使用更好的算术资源策略和逻辑资源策略，可以设计出更好的 ALU。下面将重点讨论 ALU 的设计，以便使 ALU 获得更小的面积和更高的频率（图 4.2）。

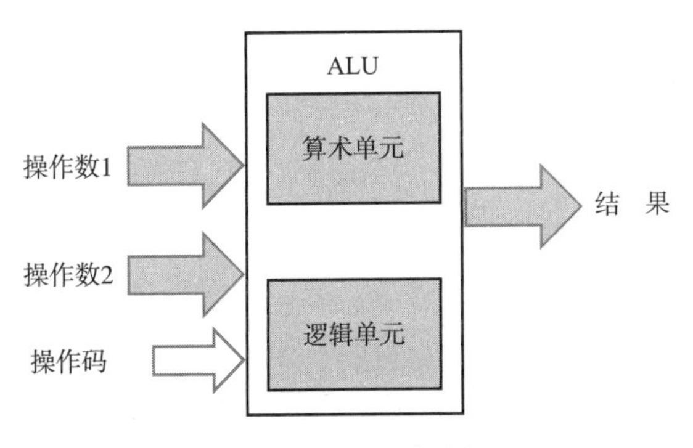

图 4.2 ALU 框图

ALU 的设计策略：

（1）理解算术单元和逻辑单元的功能规范。

（2）根据指令或操作的功能，找出所需的操作码，也就是 ALU 的控制输入。

（3）为算术单元设计独立的逻辑。

（4）为逻辑单元设计独立的逻辑。

（5）对面积进行优化，单独优化设计算术单元和逻辑单元。

（6）设计整体的ALU，使其拥有最小的面积。

以下部分将依次介绍算术单元、逻辑单元、ALU设计，以及它们对应的优化。

4.3 算术单元设计

我们考虑以下4种操作，并为其设计算术单元：

（1）将a_{in}的输入结果传输至输出。

（2）加法（a_{in}，b_{in}）。

（3）减法（a_{in}，b_{in}，1）。

（4）递减（a_{in}）。

我们要做的是了解输入和输出端口的数量。对于1位算术单元，我们需要有1位的a_{in}和1位的b_{in}，由于有四种不同类型的操作，我们应该有2位的操作码，也就是2位的控制输入，输出为2位，1位为结果，1位为进位输出。同样，对于8位算术单元，我们需要有8位的a_{in}和8位的b_{in}，由于要进行四次操作，我们也应该有2位的操作码，也就是2位的控制输入，输出为9位，8位为结果，1位为进位输出。

4.3.1 所需资源

下面讨论一下设计策略和所需资源。为了进行算术运算，我们可以在数据路径中使用加法器和减法器作为资源。为了根据操作码/控制输入的状态选择其中一个操作的结果，我们可以使用四选一MUX，该策略如图4.3所示，主要的资源是加法器、减法器和MUX。

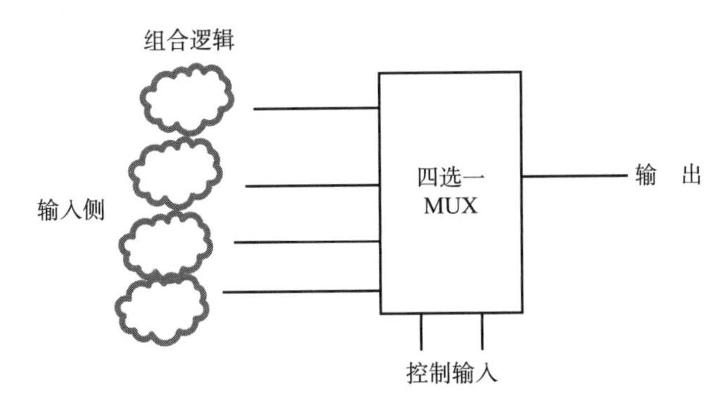

图 4.3 设计算术单元的策略

4.3.2 如何开始ALU的设计?

现在让我们把这 4 种操作和它们各自的操作码(即控制输入)记录下来，并开始分析合适的算术资源。表 4.2 描述了这 4 种操作和对应所需的资源。

表 4.2 算术指令描述

控制输入	操 作	描 述	数据路径中的资源
00	传输 a_{in}	将 a_{in} 的值传输到输出	无
01	ADD(a_{in}, b_{in})	a_{in} 和 b_{in} 的加法	加法器
10	SUB(a_{in}, b_{in}, 1)	a_{in} 和 b_{in} 的减法，借入 1	全减器或级联减法器
11	递减(a_{in}, 1)	将 a_{in} 递减 1	减法器

4.3.3 如何设计逻辑

从表 4.2 可以看出，我们需要在 MUX 的输入端设置算术资源。因此，我们在输出端使用四选一 MUX 并设计逻辑，在四选一 MUX 的各个输入端使用合适的资源，使用 control_in[1] 和 control_in[0] 作为四选一 MUX 的选择输入。算术单元的设计如图 4.4 所示。

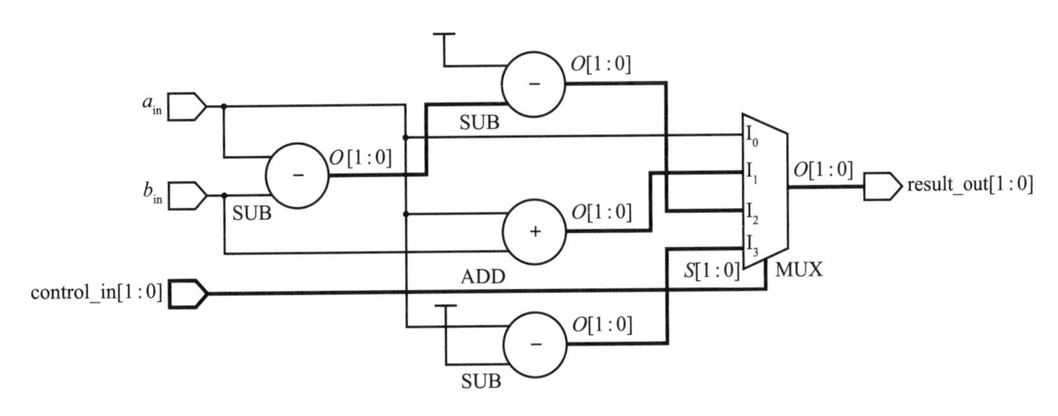

图 4.4 没有资源优化的算术单元设计

但是，图 4.4 所示的设计方案中存在以下问题：

（1）所有操作都是同时执行的，输出端的 MUX 根据控制信号输入的状态决定选择哪一个操作的结果。

（2）使用了许多算术资源，但没有进行资源优化。

（3）没有适当的数据路径和控制路径的优化。

4.3.4 算术单元的优化

在上一节中，我们已经设计了算术单元，并了解了设计中的问题。现在，让我们尝试优化算术单元，使其在拥有较少资源的前提下，有着更好的数据路径和控制路径。我们可以做的是，了解每个操作的作用及该操作所需的资源，以此来确定最终资源复用的策略。

表 4.3 对这 4 种操作进行了描述。

表 4.3 算术单元的 4 种操作

控制输入	操 作	描 述
00	将 a_{in} 的值传输至输出	$a_{in}+0+0$
01	ADD（a_{in}，b_{in}）	$a_{in}+b_{in}+0$
10	SUB（a_{in}，b_{in}，1）	$a_{in}-b_{in}-1 = a_{in}+\sim b_{in}+1-1 = a_{in}+\sim b_{in}$
11	递减（a_{in}，1）	$a_{in}-1 = a_{in}+$ 所有的 1

如表 4.3 所述，如果我们使用全加器作为公用的算术资源，那么对于所有的操作，加法器的一个输入是 a_{in}，另一个输入根据指令的性质而变化。表 4.4 描述了这些取决于算术运算的输入和输出。

表 4.4 加法器的输入和输出

控制输入	x	y
00	a_{in}	0
01	a_{in}	b_{in}
10	a_{in}	$\sim b_{in}$
11	a_{in}	1

因此，为了减小设计的面积，我们在输出端使用全加器作为公用资源，在输入端根据 control_in 的状态，使用四选一 MUX 进行选择。算术单元的优化设计如图 4.5 所示。

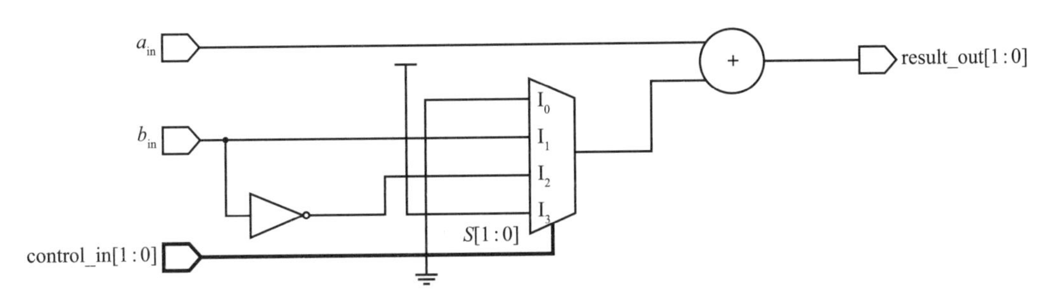

图 4.5 带有资源优化的算术单元设计

4.4 逻辑单元设计

在上一节中，我们已经讨论了算术单元的设计，甚至还讨论了使用资源共享技术的优化设计。现在让我们设计逻辑单元来执行 OR、NOT、XOR、AND 操作。需要牢记的是，我们应该使用最少的资源来优化逻辑单元。

我们考虑以下 4 种操作，并为其设计逻辑单元：

（1）OR（a_{in}，b_{in}）。

（2）XOR（a_{in}，b_{in}）。

（3）AND（a_{in}，b_{in}）。

（4）NOT（a_{in}）。

我们要做的是尝试理解输入和输出的数量。对于 n 位逻辑单元，我们需要 n 位的 a_{in} 和 b_{in}，并且因为要执行 4 种操作，我们应该有 2 位操作码，也就是 2 位控制输入，输出为 n 位。

例如，对于 1 位逻辑单元，我们需要 1 位的 a_{in} 和 b_{in}，并且因为要执行 4 种操作，我们应该有 2 位操作码，也就是 2 位控制输入，输出为 1 位。

4.4.1 所需资源

下面讨论一下设计策略和所需资源。为了执行逻辑操作，我们可以在数据路径中使用逻辑门作为资源。为了根据操作码 / 控制输入的状态选择一个操作的结果，我们可以使用四选一 MUX，该策略如图 4.6 所示。

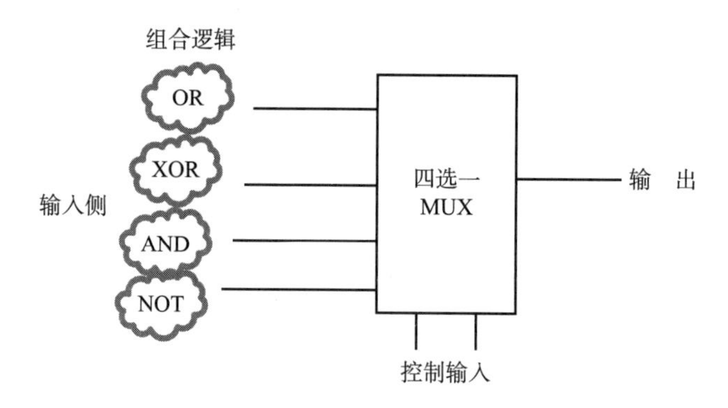

图 4.6 设计逻辑单元的策略

设计逻辑单元所需的主要资源如下：

（1）逻辑门：OR 门、XOR 门、AND 门、非门。

（2）MUX：四选一 MUX。

4.4.2 如何设计逻辑单元以获得更小的面积?

从表 4.5 可以看出，我们需要在 MUX 的输入端设置逻辑门资源。因此，我们在输出端使用四选一 MUX 并设计逻辑，在四选一 MUX 的各个输入端使用合适的资源，使用 control_in[1] 和 control_in[0] 作为四选一 MUX 的选择输入。逻辑单元的设计如图 4.7 所示。

表 4.5 逻辑指令

控制输入	操 作	描 述
00	OR(a_{in}，b_{in})	a_{in}，b_{in} 的按位 OR 逻辑
01	XOR(a_{in}，b_{in})	a_{in}，b_{in} 的按位 XOR 逻辑
10	AND(a_{in}，b_{in})	a_{in}，b_{in} 的按位 AND 逻辑
11	NOT(a_{in})	a_{in} 的按位取反逻辑

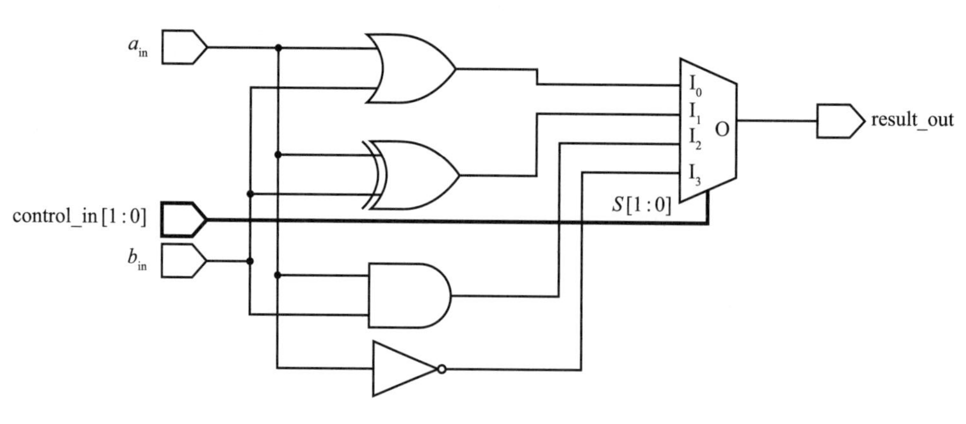

图 4.7 逻辑单元设计

4.5 ALU设计

现在，我们使用加法器、减法器和逻辑门等算数单元作为资源，设计一个 ALU 来完成以下 8 种操作：

（1）将输入 a_{in} 的值传输到输出。

（2）ADD（a_{in}，b_{in}）。

（3）SUB（a_{in}，b_{in}，1）。

（4）递减（a_{in}）。

（5）OR（a_{in}，b_{in}）。

（6）XOR（a_{in}，b_{in}）。

（7）AND（a_{in}，b_{in}）。

（8）NOT（a_{in}）。

4.5.1 资源需求

为了进行算术运算，我们需要加法器、减法器、二选一 MUX 和四选一 MUX 等资源；为了进行逻辑运算，我们需要 OR 门、AND 门、XOR 门、NOT 门和四选一 MUX 等资源。

我们为“算术运算”建立独立的数据路径和控制路径，同时也为“逻辑运算”建立独立的数据路径和控制路径，在最后使用二选一 MUX 选择是执行“算术运算”还是“逻辑运算”。由于需要进行 8 种操作，我们把 control_in 改为 3 位操作码。操作码的最高位表示操作的类型，也就是说，control_in[2] = 0 表示算术操作，control_in[2] = 1 表示逻辑操作，该策略如图 4.8 所示。

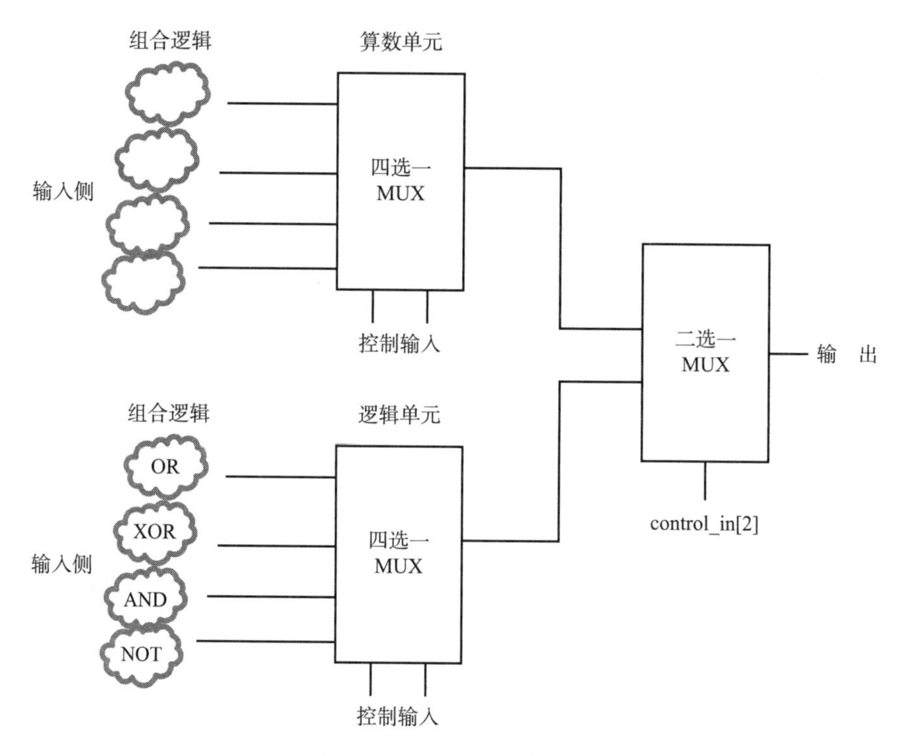

图 4.8 设计 ALU 的策略

4.5.2 设计更小面积的ALU

现在，为了设计高效的 ALU，我们将操作列成表格，如表 4.6 所示。

表 4.6 ALU 操作

control_in	操 作	描 述
000	传输 a_{in}	将 a_{in} 传输到输出
001	ADD（a_{in}，b_{in}）	a_{in} 和 b_{in} 的加法
010	SUB（a_{in}，b_{in}，1）	a_{in} 和 b_{in} 的减法，借入 1
011	递减（a_{in}，1）	将 a_{in} 递减 1
100	OR（a_{in}，b_{in}）	a_{in}，b_{in} 的按位 OR 逻辑
101	XOR（a_{in}，b_{in}）	a_{in}，b_{in} 的按位 XOR 逻辑
110	AND（a_{in}，b_{in}）	a_{in}，b_{in} 的按位 AND 逻辑
111	NOT（a_{in}）	a_{in} 的按位取反逻辑

前 4 种操作是算术操作，后 4 种操作是逻辑操作。正如前几节所讨论的，我们可以在输出端使用 MUX，根据控制输入的最高位来选择逻辑运算或算术运算。图 4.9 显示了 ALU 的设计。

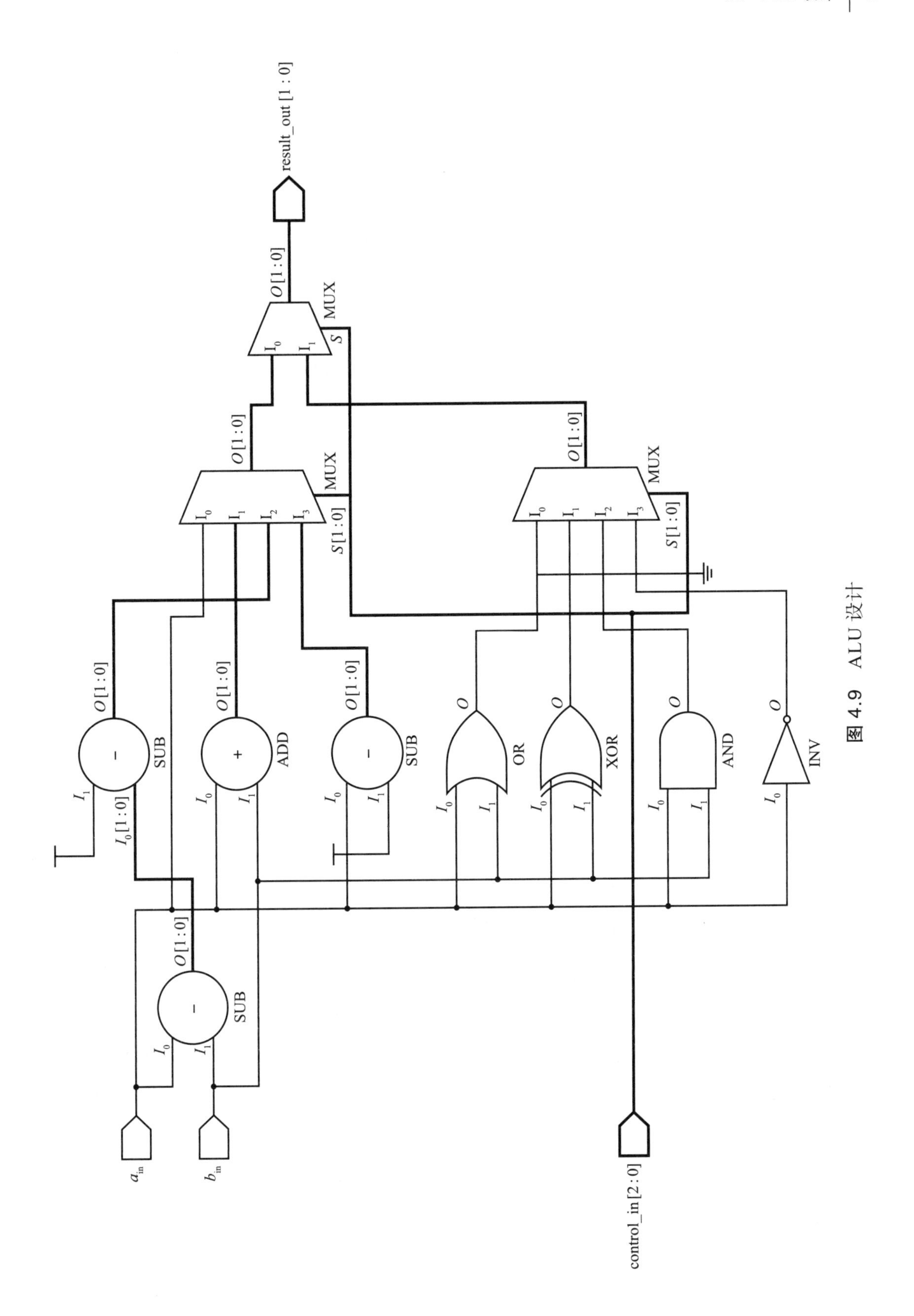
result_out [1 : 0]
O[1:0]
MUX
I0
I1
S
O[1:0]
MUX
S[1:0]
O[1:0]
MUX
S[1:0]
O[1:0]
SUB
O[1:0]
ADD
O[1:0]
SUB
O
OR
O
XOR
O
AND
O
INV
I0[1:0]
I1
O[1:0]
SUB
a_in
b_in
control_in [2 : 0]

图 4.9 ALU 设计

图 4.9 所示的设计方案中存在以下问题：

（1）所有的算术运算和逻辑运算都是同时执行的，MUX 根据控制输入的状态决定选择哪一个运算作为输出。

（2）使用许多算术资源，没有在输出端进行资源优化或资源复用。

（3）没有适当的数据路径优化和控制路径优化。

4.5.3 ALU的优化

下面我们对图 4.9 所示的设计进行优化，使用最少的资源的同时获得较小的面积。

正如在算术单元优化中所讨论的那样，我们现在借助输入端的加法器和 MUX 等公共资源，来优化算术单元。为了避免输出端使用多个串联的 MUX，我们把操作列出来，如表 4.7 所示。

表 4.7 以优化为目标的 ALU 操作

control_in	操　作	X	Y
000	将 a_{in} 传输至输出	a_{in}	0
001	ADD（a_{in}，b_{in}）	a_{in}	b_{in}
010	SUB（a_{in}，b_{in}，1）	a_{in}	$\sim b_{in}$
011	递减（a_{in}，1）	a_{in}	1
100	OR（a_{in}，b_{in}）	a_{in} OR b_{in}	0
101	XOR（a_{in}，b_{in}）	a_{in} XOR b_{in}	0
110	AND（a_{in}，b_{in}）	a_{in} AND b_{in}	0
111	NOT（a_{in}）	a_{in} 的非	0

我们使用加法器进行算术运算和逻辑运算，这意味着将输入 a_{in} 传输到输出端口时，加法器将从八选一 MUX 中的一个端口接收 a_{in}，从另一个 MUX 接收逻辑 0。进行 XOR 运算时，上层 MUX 还需要给加法器提供可能的 XOR 门输出，即计算好 XOR 的结果后输入到加法器的一个输入处，加法器的另一个输入（逻辑 0）来自下层 MUX。对于逻辑运算，输出结果是 1 位；对于算术运算，输出结果是 2 位。result_out 的最高位表示算术运算的进位。ALU 的优化设计如图 4.10 所示。

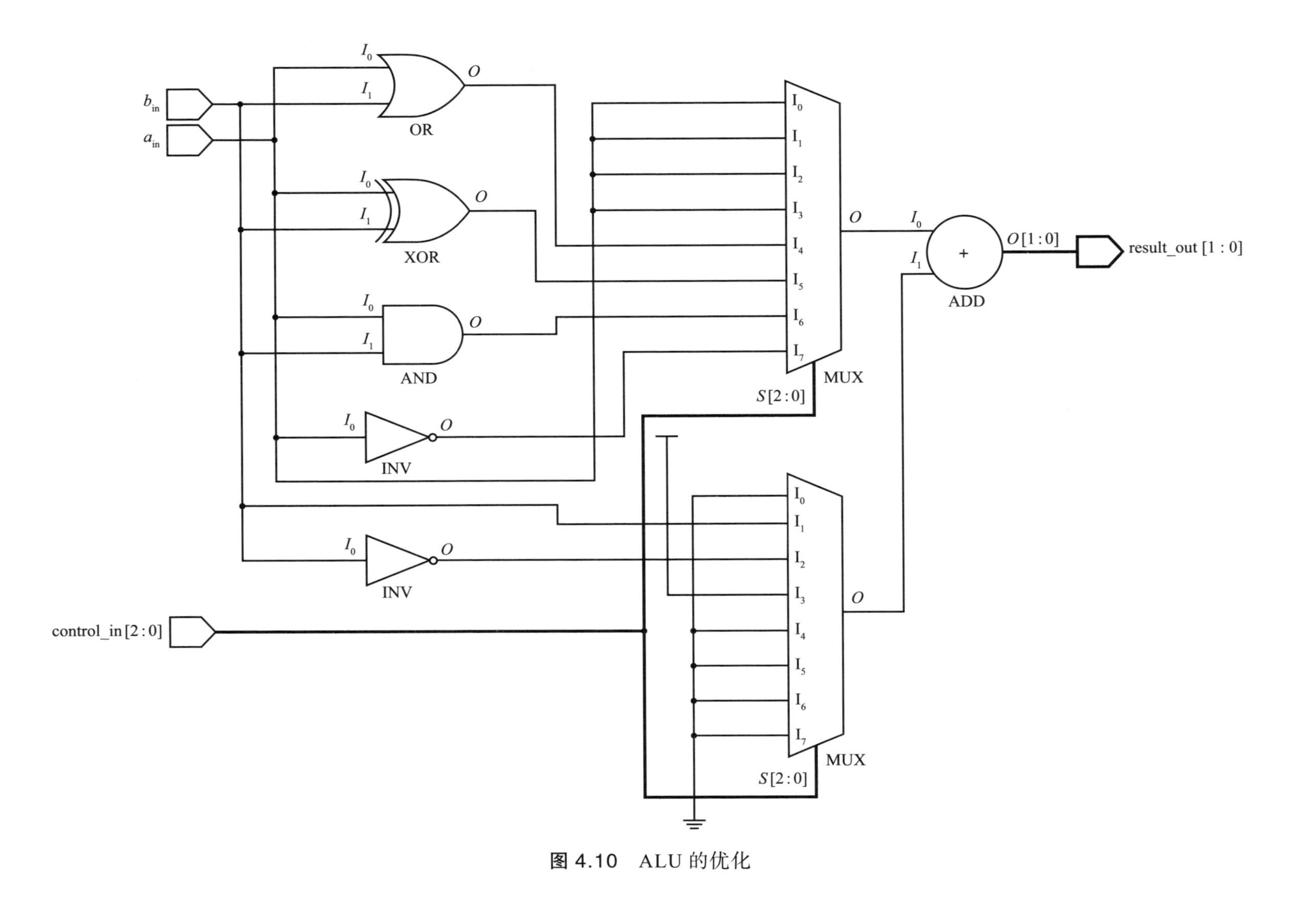
b_in
a_in
OR
XOR
AND
INV
INV
MUX
S[2 : 0]
MUX
S[2 : 0]
ADD
O[1 : 0]
result_out [1 : 0]
control_in [2 : 0]

图 4.10 ALU 的优化

4.6　几项重要的设计准则

在 VLSI 设计方面，使用算术资源来实现 8 条以上指令的 ALU，需要考虑以下准则：

（1）数据路径中的组合单元级数越多，延迟越大。如果我们在边界通过寄存器寄存输入和输出，那么我们就需要通过最小化组合逻辑的面积来改善数据路径。像资源共享这样的技术在设计中是很有用的。

（2）对于固定运算和浮点运算，使用并行处理引擎来改善设计的频率和面积。

（3）使用加法器等算术资源来设计逻辑单元。

（4）设计出具有低功耗和较小面积的乘法器和除法器。

（5）不考虑级联逻辑，而是考虑并行逻辑，在需要的地方以并行的形式实现设计目标。

（6）有更好的策略来设计数据路径逻辑和控制路径逻辑。

4.7　小　结

以下是本章的几个重点：

（1）级联加法器消耗的面积很大，而且它们的传播延迟也很大。

（2）使用加法器作为资源来进行加法和减法。

（3）在设计 ALU 时使用资源复用的相关技术。

（4）在输出端使用公共资源，并尝试在输入端使用 MUX。

（5）通过使用数据路径和控制路径的优化方法，进行高效的设计。

第 5 章　实用场景和设计技巧

在架构设计过程中，对设计方案的理解，以及用于“并行逻辑设计”和“优先逻辑设计”的技术是非常有用的。

在前几章中，我们介绍了各种组合逻辑单元及其在设计中的应用，同时还讨论了设计的各种性能改进技术，进行了组合逻辑实现的练习。在这一章中，我们将介绍并行逻辑、串行逻辑、优先逻辑以及它们在设计中的相关应用。

5.1 并行逻辑

顾名思义，并行逻辑有平行的输入和平行的输出。但不要对并行逻辑的理解感到困惑，用于设计并行逻辑的设计技术应该创建没有任何层次的设计。我们可以把解码器、解复用器、编码器或代码转换器视为并行逻辑。设计者的目标是用最少的逻辑门来设计逻辑，以减小传播延迟和面积。下一节将讨论诸如解码器之类的组合电路单元，这些单元对于在系统设计中选择存储器或IO设备来说是很有帮助的。

在大多数接口应用中，我们使用解码器在一些存储器或一些IO设备中选择其中一个，其目的是根据地址范围使能所需的芯片或逻辑，并执行数据传输的相关操作。

表5.1描述了2–4解码器，它有高电平使能输入(en)和高电平输出（在使能条件下每次只有一条线是高电平）。它也有选择输入s_1和s_0，其中s_1是高位，s_0是低位。en = 1时，y_3到y_0中的一条输出线将被激活；当en = 0时，y_3到y_0的所有输出线被拉低到逻辑0。

表5.1 2–4解码器的真值表

使能 (en)	s_1	s_0	y_3	y_2	y_1	y_0
1	0	0	0	0	0	1
1	0	1	0	0	1	0
1	1	0	0	1	0	0
1	1	1	1	0	0	0
0	x	x	0	0	0	0

如何设计解码逻辑？

为了设计解码器，我们先推导出每个输入和输出组合的乘积项：

对于en = 1，$s_1 = 0$，$s_0 = 0$，乘积项为en · $\overline{s_1}$ · $\overline{s_0}$。

对于en = 1，$s_1 = 0$，$s_0 = 1$，乘积项为en · $\overline{s_1}$ · s_0。

对于en = 1，$s_1 = 1$，$s_0 = 0$，乘积项为en · s_1 · $\overline{s_0}$。

对于 en = 1，$s_1 = 1$，$s_0 = 1$，乘积项为 en · s_1 · s_0。

对于 en = 0，所有的输出都是逻辑 0，这意味着解码器被禁用。

因此，2-4 解码器的设计中，输出的布尔表达式如下所示：

$$y_0 = \text{en} \cdot \overline{s_1} \cdot \overline{s_0}$$
$$y_1 = \text{en} \cdot \overline{s_1} \cdot s_0$$
$$y_2 = \text{en} \cdot s_1 \cdot \overline{s_0}$$
$$y_3 = \text{en} \cdot s_1 \cdot s_0$$

使用最少数量的 AND 门和 NOT 门的解码器设计如图 5.1 所示。

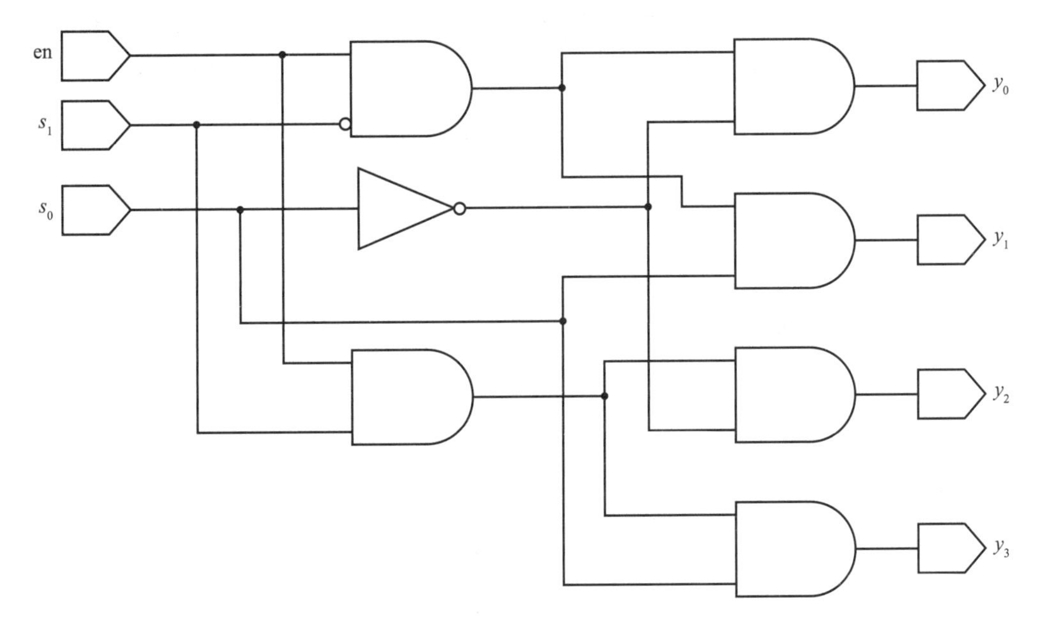

图 5.1　2-4 解码器

图 5.2 显示了 en、s_1、s_0 的各种组合的时序波形，在 en = 1 条件下，解码器的一个输出是高电平；en = 0 条件下，解码器的所有输出都是逻辑 0。

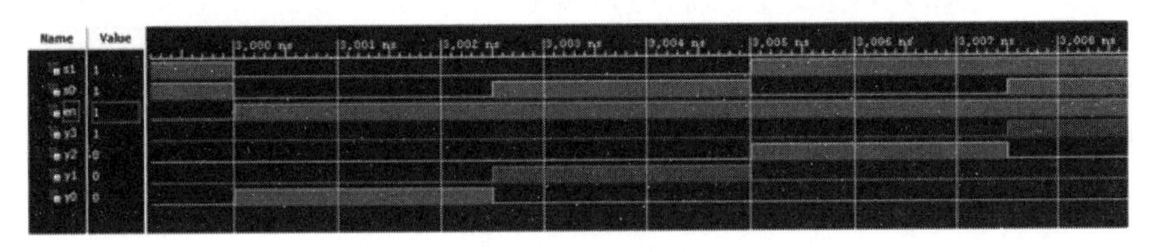

图 5.2　2-4 解码器的时序

5.2 编码器

正如上一节所介绍的，解码器用于在启用条件下，每次产生一个有效的输出。编码器与解码器相反，用于对数据输入进行编码。例如，对于 $i_0 = 1$，我们需要 $y_1 = 0$，$y_0 = 0$；对于 $i_3 = 1$，我们需要 $y_1 = 1$ 和 $y_0 = 1$。那么，我们可以考虑使用 4–2 编码器。

编码器的输入和输出之间的关系由下式给出：

$$n = \log_2 m$$

其中，m 为输入的数量，n 为输出的数量。对于 $m = 4$，$n = \log_2 4 = 2$，即有 y_1 和 y_0 两个输出。表 5.2 描述了输入 i_3、i_2、i_1、i_0 和输出 y_1、y_0 之间的关系。

表 5.2 4–2 编码器的真值表

i_3	i_2	i_1	i_0	y_1	y_0
1	0	0	0	1	1
0	1	0	0	1	0
0	0	1	0	0	1
0	0	0	1	0	0

如何设计 4–2 编码器？

为了设计编码器，我们输入 16 个条目。由于有 4 个输入端口，每次仅有一个输入为高电平（这是我们的假设），因此我们可以把其他 12 个条件的输出视为 x。为什么呢？因为我们知道，4 个输入的输入组合数是 $2^4 = 16$。但在 4–2 编码器的真值表中，只为输入 1000、0100、0010、0001 指定了输出，因此我们需要为其余输入组合指定输出为 x。

因此，为了推导出 y_1 和 y_0 的表达式，我们使用四变量的卡诺图。

从图 5.3 所示的卡诺图中我们可以圈出两个长方形进行化简，每个长方形包含 8 个项，最终化简可以得到 $y_1 = i_3 + i_2$，即（i_3，i_2）的逻辑或。

从图 5.4 所示的卡诺图中我们可以圈出两个长方形进行化简，每个长方形包含 8 个项，因此 $y_0 = i_3 + i_1$，即（i_3，i_1）的逻辑或。

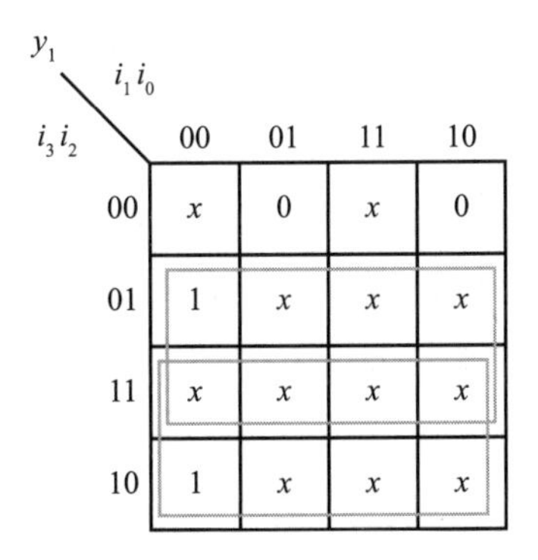

图 5.3 y_1 的卡诺图

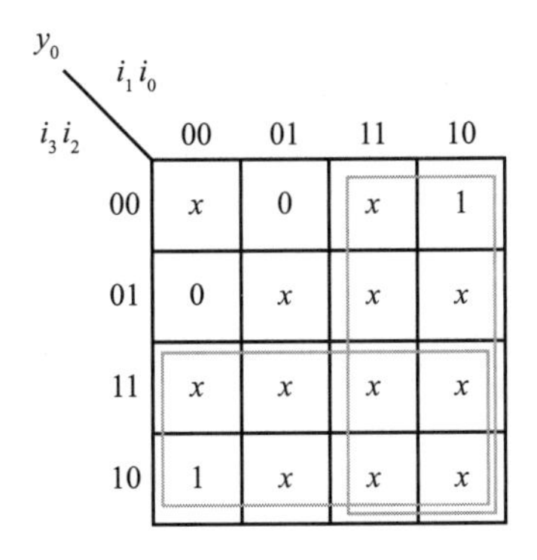

图 5.4 y_2 的卡诺图

数据输入 i_0 未连接，因此该设计存在问题。但目前阶段下，4–2 编码器实现的逻辑如图 5.5 所示。

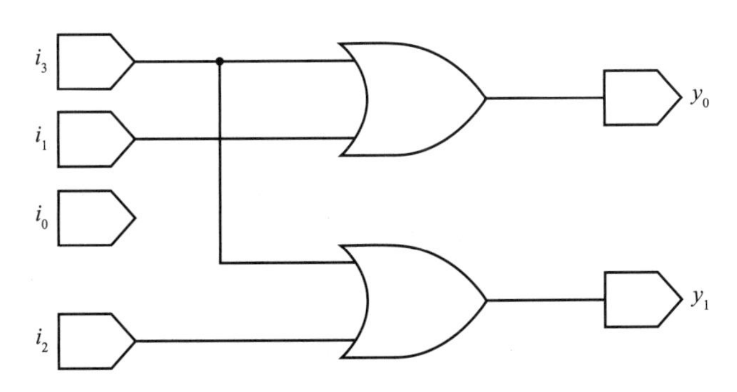

图 5.5 编码器和悬空输入的问题

图 5.5 所示的 4–2 编码器存在以下问题：

（1）我们假设其中一个输入为逻辑 1，但实际上，一次可以有多个输入为逻辑 1。

（2）对于所有逻辑为 0 的输入，没有规定应该输出什么，输出应该是无效的。

5.3 带有无效输出检测逻辑的编码器

如上节所述，在编码器的设计过程中，所有的输入都是逻辑 0 时，我们没有做任何规定来报告无效输出。因此，当所有的输入都是逻辑 0 时，编码器应该生成逻辑 1 的无效输出标志。表 5.3 描述了可用于实际系统设计中的 4-2 编码器的真值表。

表 5.3 实际设计中的 4-2 编码器的真值表

i_3	i_2	i_1	i_0	y_1	y_0	Invalid_output
1	0	0	0	1	1	0
0	1	0	0	1	0	0
0	0	1	0	0	1	0
0	0	0	1	0	0	0
0	0	0	0	0	0	1

因此，对于无效的输出逻辑，我们可以使用 NOR 门，也就是：

$$\text{invalid\_output} = \overline{i_3} \cdot \overline{i_2} \cdot \overline{i_1} \cdot \overline{i_0}$$

$$\text{invalid\_output} = \overline{i_3 + i_2 + i_1 + i_0}$$

当所有的输入都为逻辑 0 时，无效输出标志为高电平（图 5.6 和图 5.7）。

由图 5.6 可知，$y_1 = i_3 + i_2$，即（i_3，i_2）的 OR 逻辑。

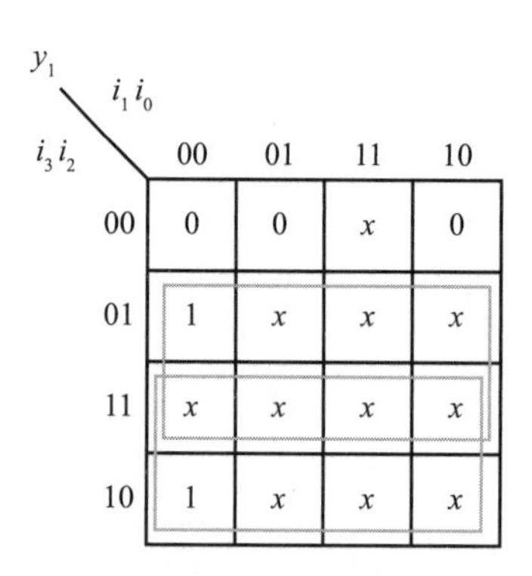

图 5.6 编码器 y_1 的卡诺图

由图 5.7 可知，$y_0 = i_3 + i_1$，即（i_3，i_1）的 OR 逻辑。

y_0 (i_3i_2 \ i_1i_0)	00	01	11	10
00	0	0	x	1
01	0	x	x	x
11	x	x	x	x
10	1	x	x	x

图 5.7 编码器 y_0 的卡诺图

图 5.8 显示了 4-2 编码器的逻辑设计，其输入为 i_3、i_2、i_1、i_0，输出为 y_1、y_0 和 invalid_output 标志位。

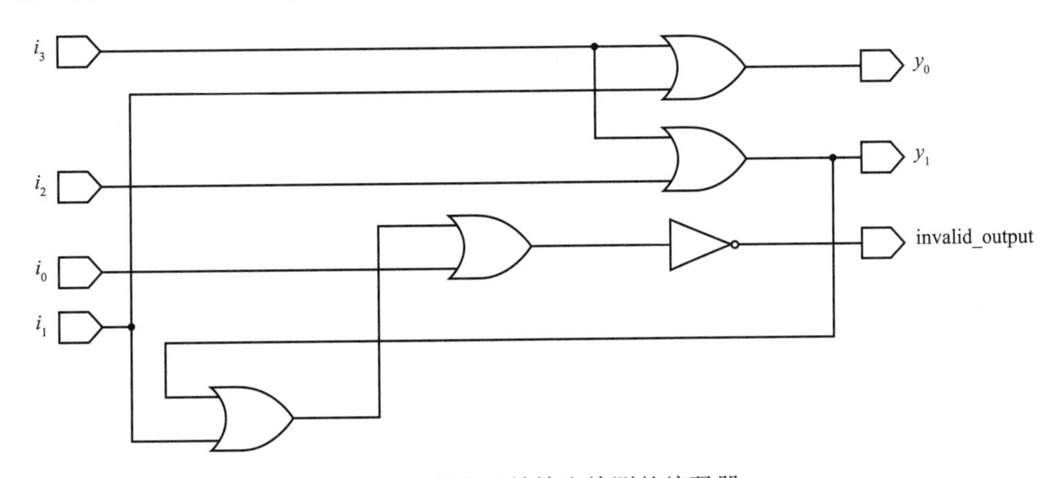

图 5.8 带有无效输出检测的编码器

图 5.8 所示的编码器设计仍然有问题，因为我们假设每次只有一个输入是 1，因此，我们需要设计优先编码器。在下面的例题中，我们借助对解码器和编码器的理解，尝试实现一些可以用于“系统设计应用”的设计。

5.4 例 题

利用对解码器、编码器和优先编码器的基本概念的理解，完成以下练习。

【例题 1】设计 2-4 解码器，使其输出为低电平有效，使能输入为高电平有效。

解答过程：我们推导出表 5.4 所示的每个输入和输出组合的乘积项。

表 5.4 输出为低电平有效的 2–4 解码器的真值表

使能 (en)	s_1	s_0	y_3	y_2	y_1	y_0
1	0	0	1	1	1	0
1	0	1	1	1	0	1
1	1	0	1	0	1	1
1	1	1	0	1	1	1
0	x	x	1	1	1	1

对于 $en=1$，$s_1=0$，$s_0=0$，乘积项为 $\overline{en\cdot\overline{s_1}\cdot\overline{s_0}}$。

对于 $en=1$，$s_1=0$，$s_0=1$，乘积项为 $\overline{en\cdot\overline{s_1}\cdot s_0}$。

对于 $en=1$，$s_1=1$，$s_0=0$，乘积项为 $\overline{en\cdot s_1\cdot\overline{s_0}}$。

对于 $en=1$，$s_1=1$，$s_0=1$，乘积项为 $\overline{en\cdot s_1\cdot s_0}$。

对于 $en=0$，所有输出都是逻辑 1，因为解码器被禁用。

因此，在这种情况下，2–4 解码器输出的布尔表达式如下所示：

$$y_0=\overline{en\cdot\overline{s_1}\cdot\overline{s_0}}$$

$$y_1=\overline{en\cdot\overline{s_1}\cdot s_0}$$

$$y_2=\overline{en\cdot s_1\cdot\overline{s_0}}$$

$$y_3=\overline{en\cdot s_1\cdot s_0}$$

使用最少数量的 NAND 门和其他逻辑门的解码器设计如图 5.9 所示。

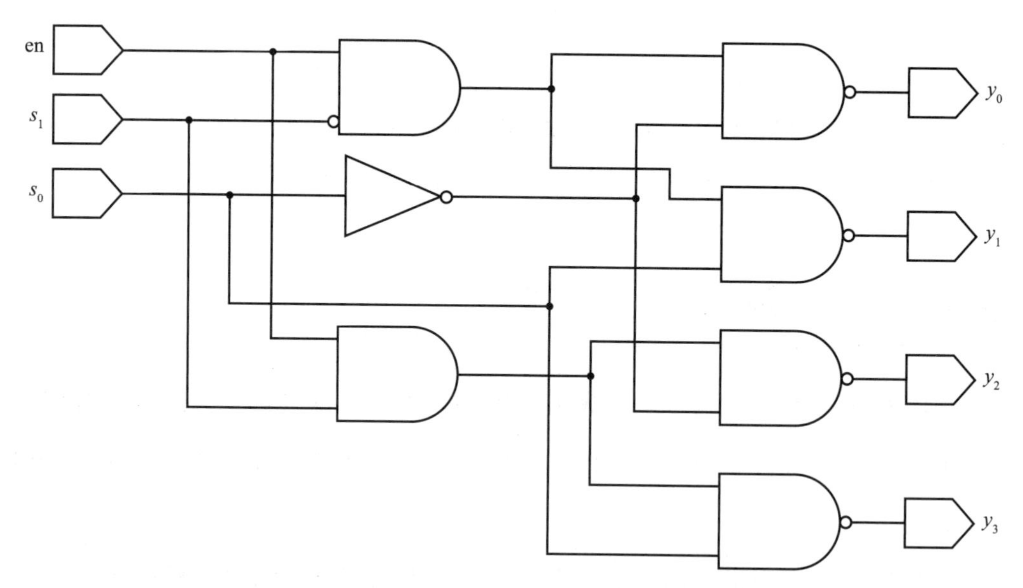

图 5.9 具有输出低电平有效特征的 2–4 解码器

【例题 2】使用具有“输出高电平有效”和“输入使能高电平有效”的解码器和最少的逻辑门，实现如下布尔函数：

（1）$f_1(s_1, s_0)=\sum m(1, 2)$

（2）$f_2(s_1, s_0)=\sum m(0, 3)$

解答过程：借助对解码器的理解，en = 1 时，解码器只有一位输出为高电平；en = 0 时，解码器的所有输出都是逻辑 0，解码器被禁用。

现在，为了实现函数 $f_1(s_1, s_0)=\sum m(1, 2)$，我们可以在输出端使用 OR 门，OR 门的输入是 y_1 和 y_2，如果其中一个是逻辑 1，那么 f_1 就是逻辑 1。

为了实现函数 $f_2(s_1, s_0)=\sum m(0, 3)$，我们同样可以在输出端使用 OR 门，OR 门的输入是 y_0 和 y_3，如果其中一个是逻辑 1，那么 f_2 就是逻辑 1。

使用解码器和 OR 门实现的逻辑如图 5.10 所示。

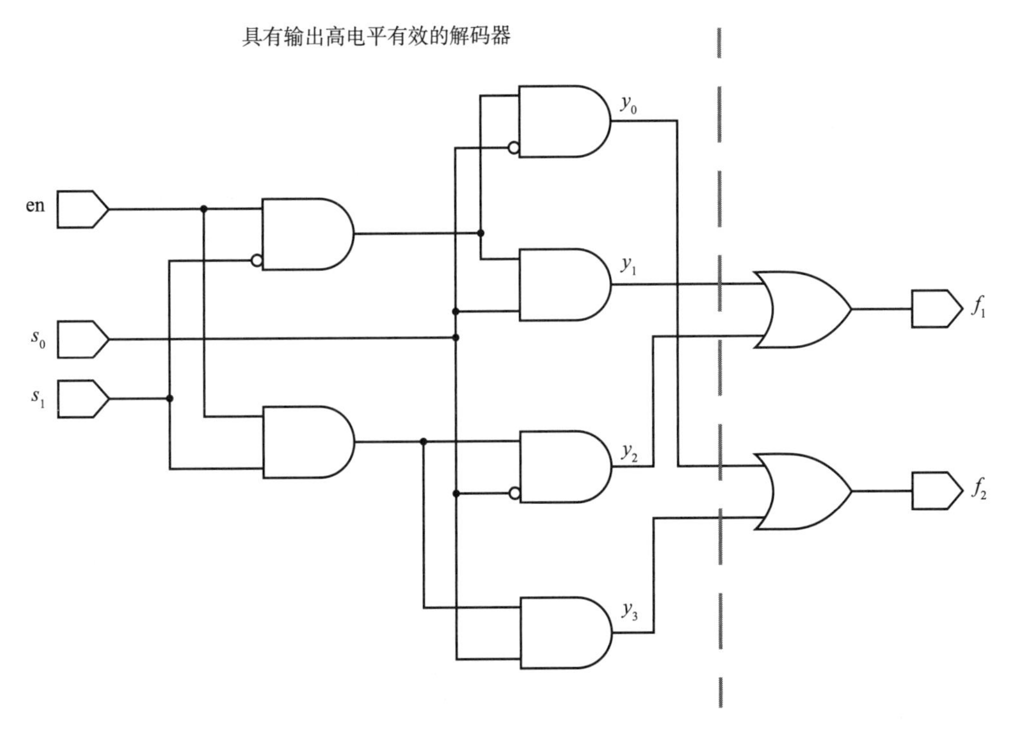

图 5.10 使用解码器和 OR 门实现的逻辑

【例题 3】使用具有“输出高电平有效”和“输入使能高电平有效”特性的解码器实现 2 输入 XOR 和 2 输入 XNOR，在实现的过程中使用最少数量的逻辑门。

解答过程：借助对解码器的理解，en = 1 时，解码器只有一个输出为高电平；en = 0 时，解码器的所有输出都是逻辑 0，解码器被禁用。

为了实现 2 输入 XOR，我们需要一个布尔函数 $f_1(s_1, s_0)=\sum m(1, 2)$，在输出端使用 OR 门，OR 门的输入是 y_1 和 y_2，如果其中一个是逻辑 1，那么 f_1 就是逻辑 1。

为了实现 2 输入 XNOR，我们需要一个布尔函数 $f_2(s_1, s_0)=\sum m(0, 3)$，同样输出端使用 OR 门，OR 门的输入是 y_0 和 y_3，如果其中一个是逻辑 1，那么 f_2 就是逻辑 1。

使用解码器和 OR 门实现的逻辑如图 5.11 所示（表 5.5）。

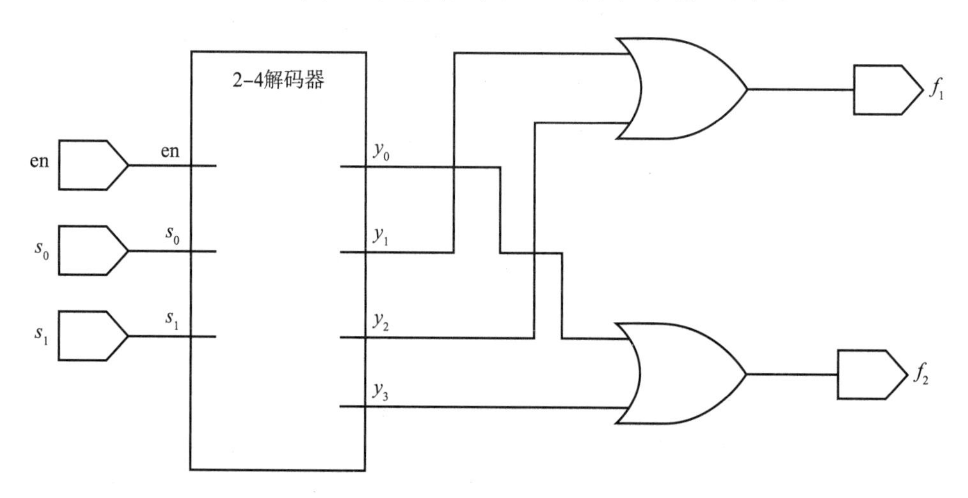

图 5.11　使用解码器和 OR 门实现 XOR 和 XNOR

表 5.5　使用解码器的 2 输入 XOR 和 2 输入 XNOR

使能 (en)	s_1	s_0	f_1	f_2
1	0	0	0	1
1	0	1	1	0
1	1	0	1	0
1	1	1	0	1
0	x	x	0	0

【例题 4】使用具有“输出低电平有效”和“输入使能高电平有效”特性的解码器实现 2 输入 XOR 和 2 输入 XNOR，并使用最少的逻辑门。

解答过程：借助对解码器的理解，en = 1 时，解码器只有一个输出为低电平有效；en = 0 时，解码器的所有输出都是逻辑 1，解码器被禁用。

为了实现 2 输入 XOR，我们需要一个布尔函数 $f_1(s_1, s_0)=\sum m(1, 2)$，在输出端使用 NAND 门，它的输入为 y_1 和 y_2，如果其中一个是逻辑 0，那么 f_1 就是逻辑 1。

为了实现 2 输入 XNOR，我们需要一个布尔函数 $f_2(s_1, s_0)=\sum m(0, 3)$，在输出端使用 NAND 门，它的输入为 y_0 和 y_3，如果其中一个是逻辑 0，那么 f_2 就是逻辑 1。

使用解码器和 NAND 门实现的逻辑如图 5.12 所示（表 5.6）。

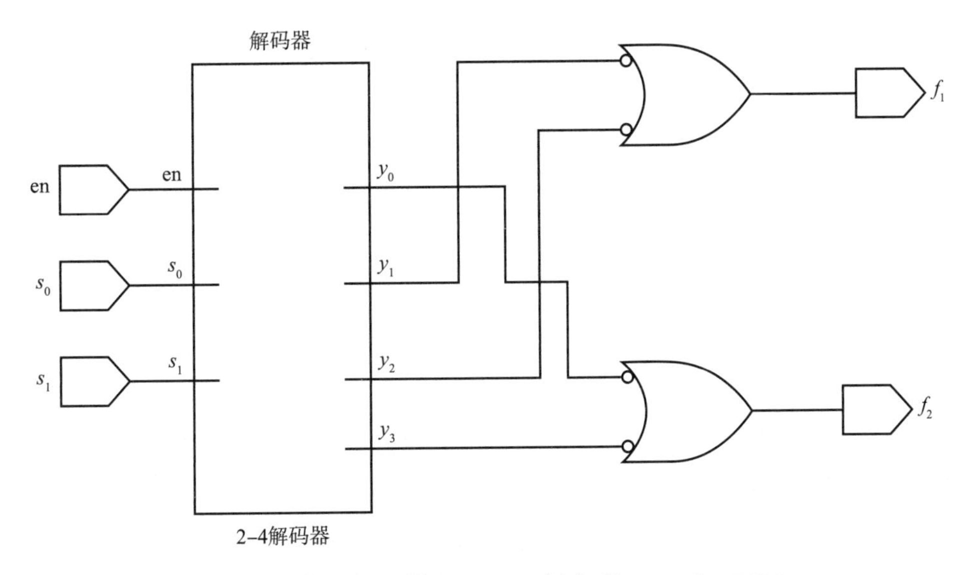

图 5.12　使用解码器和 NAND 门实现 XOR 和 XNOR

表 5.6　用输出低电平有效的解码器实现逻辑功能

使能 (en)	s_1	s_0	f_1	f_2
1	0	0	0	1
1	0	1	1	0
1	1	0	1	0
1	1	1	0	1
0	x	x	0	0

【例题 5】用最少的 2-4 解码器设计 4-16 解码器。假设该 2-4 解码器输出是高电平有效的，输入使能端也是高电平有效的。

解答过程：由于需要使用 2-4 解码器，让我们看看 4-16 解码器的真值表（表 5.7），en = 1 时输出为高电平；en = 0，解码器的所有输出都是低电平。

表 5.7 4-16 解码器的真值表

使能 (en)	$s_3s_2s_1s_0$	解码器输出（y_0 ~ y_{15}）
1	0000	0000_0000_0000_0001
1	0001	0000_0000_0000_0010
1	0010	0000_0000_0000_0100
1	0011	0000_0000_0000_1000
1	0100	0000_0000_0001_0000
1	0101	0000_0000_0010_0000
1	0110	0000_0000_0100_0000
1	0111	0000_0000_1000_0000
1	1000	0000_0001_0000_0000
1	1001	0000_0010_0000_0000
1	1010	0000_0100_0000_0000
1	1011	0000_1000_0000_0000
1	1100	0001_0000_0000_0000
1	1101	0010_0000_0000_0000
1	1110	0100_0000_0000_0000
1	1111	1000_0000_0000_0000
0	*xxxx*	0000_0000_0000_0000

为了得到 16 个输出（y_0 ~ y_{15}），我们使用四个 2–4 解码器。为了选择其中一个解码器，我们在输入端也需要使用 2–4 解码器。表 5.8 给出了其中一个输出解码器的选择策略的信息。

表 5.8 解码器选择策略

使能 (en)	s_3	s_2	选择的解码器
1	0	0	解码器 1
1	0	1	解码器 2
1	1	0	解码器 3
1	1	1	解码器 4
0	x	x	所有输出为零

使用最少的 2–4 解码器的 4–16 解码器设计如图 5.13 所示，4–16 解码器是通过使用五个 2–4 解码器实现的。

【例题 6】用最少的逻辑门设计 4–2 优先编码器。假设 i_3 具有最高的优先权，而 i_0 具有最低的优先权。

解答过程：由于规定 i_3 有最高的优先权，而 i_0 有最低的优先权，我们创建一个表（表 5.9）来表明输入和输出之间的关系。

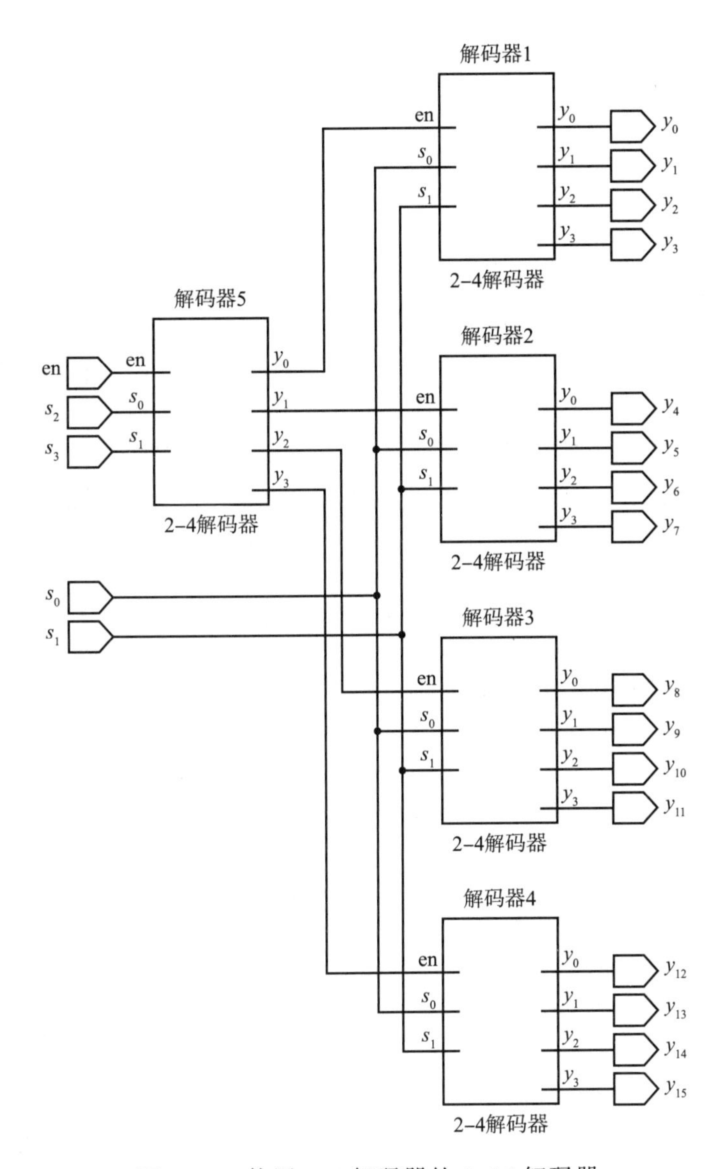

图 5.13 使用 2-4 解码器的 4-16 解码器

表 5.9 4-2 优先编码器真值表

i_3	i_2	i_1	i_0	y_1	y_0	invalid_output
1	x	x	x	1	1	0
0	1	x	x	1	0	0
0	0	1	x	0	1	0
0	0	0	1	0	0	0
0	0	0	0	0	0	1

我们用 invalid_output 来表示当所有输入 i_3 到 i_0 为逻辑 0 时的输出无效状态。现在，通过使用指定的条目，用四变量的卡诺图推导出 y_1 和 y_0 的表达式。

由图 5.14 可知，$y_1 = i_3 + i_2$，即（i_3，i_2）的 OR。

由图 5.15 可知，$y_0 = i_3 + \overline{i_2} i_1$。

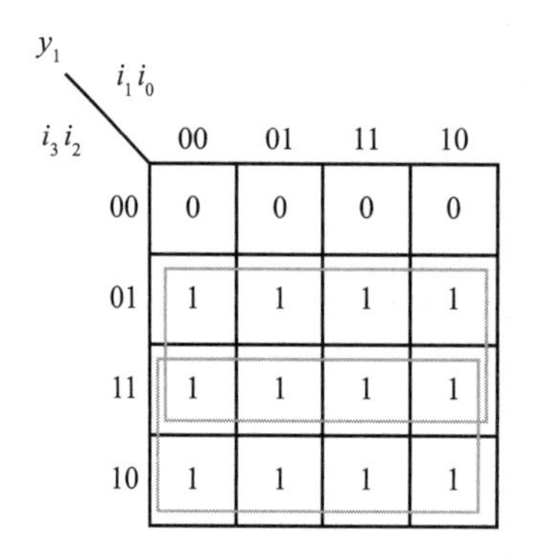

图 5.14 优先编码器 y_1 的卡诺图

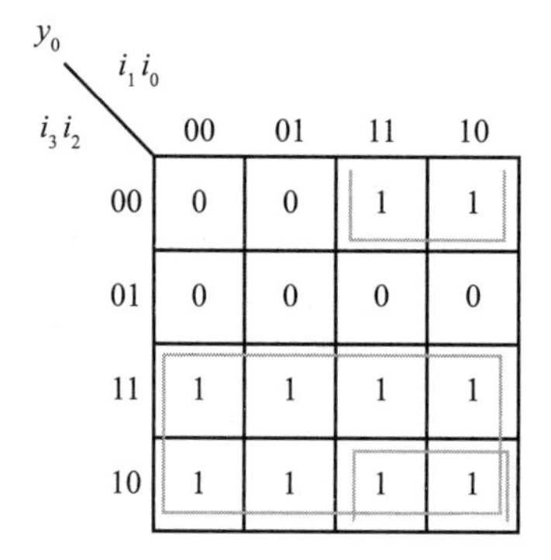

图 5.15 优先编码器 y_0 的卡诺图

对于无效的输出逻辑，我们可以有 NOR 门，也就是：

$$\text{invalid\_output} = \overline{i_3} \cdot \overline{i_2} \cdot \overline{i_1} \cdot \overline{i_0}$$
$$\text{invalid\_output} = \overline{i_3 + i_2 + i_1 + i_0}$$

当所有的输入都是逻辑 0 时，invalid_output 为高电平，如图 5.16 所示。

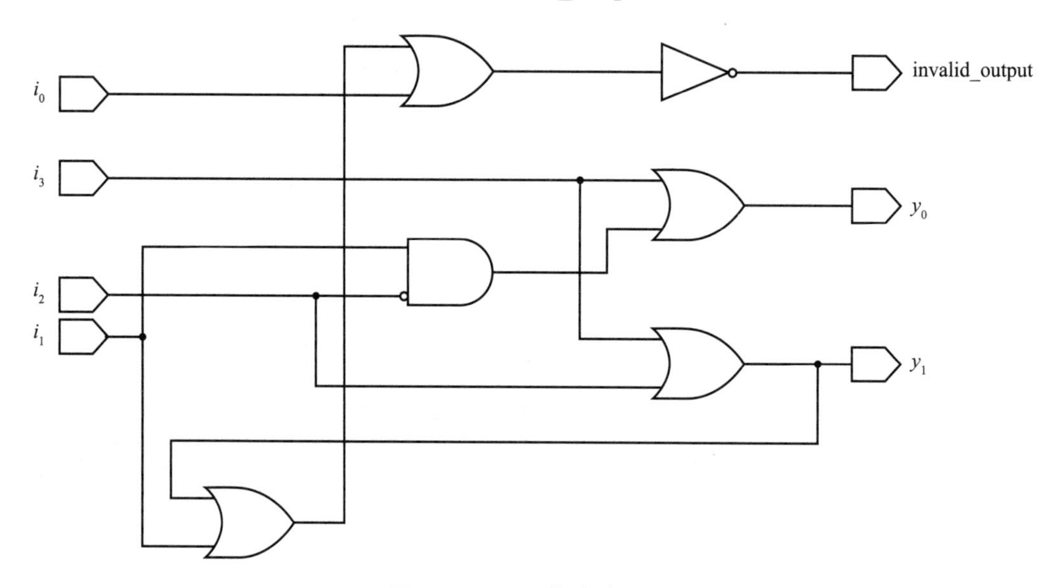

图 5.16 4-2 优先编码器

5.5 小 结

以下是本章的几个重点：

（1）解码器用于选择多个存储器中的一个或多个 IO 端口中的一个。

（2）对于解码器来说，在使能信号有效的条件下，每次有一个输出是有效的。

（3）编码器的输入和输出之间的关系为 $n = \log_2 m$，其中 m 为输入的数量，n 为输出的数量。

（4）解码器对于实现乘积之和（SOP）形式的布尔函数很有用。

（5）编码器被用于对数据输入进行编码。

（6）解码器的输入和输出之间的关系为 $m = \log_2 n$，其中 m 为输入数，n 为输出数。

（7）优先编码器在设计电平敏感的中断控制器时非常有用，该类编码器的目的是识别最高优先级的中断。

第6章 时序电路设计的基础知识

时序电路设计使用“现在的输入”和“过去的输出”来生成“现在的输出”。

时序设计借助“现在的输入”和“过去的输出”，在时钟的有效边沿产生“现在的输出”。时序设计的相关器件是锁存器和触发器，它们在设计中被广泛地使用。本章将介绍基于锁存器的设计和基于触发器的设计，以及它们的应用。

6.1　什么是时序逻辑设计?

在前几章中，我们已经介绍了组合逻辑，对于组合逻辑来说，输出是当前输入的函数。而在时序逻辑设计中，输出是“当前的输入”和“过去的输出”的函数。时序设计的相关器件是锁存器和触发器，锁存器是电平敏感的，触发器是边沿敏感的。下面将介绍这些器件在设计中的作用。

6.2　时序设计器件

我们知道锁存器是电平敏感的，而触发器是边沿敏感的，这些器件在系统设计和数字设计中是很重要的，现在我们来讨论这些器件的功能特性，以及与这些器件相关的时间特性。

6.3　电平敏感逻辑与边沿敏感逻辑比较

正如前几章所讨论的，逻辑门、组合逻辑单元对输入的变化很敏感。如果输入改变，输出也会改变。在时序设计中，电平敏感是指时序器件的输出只能在锁存器的有效电平上发生变化。

锁存器是对电平敏感的器件，在某些应用中，锁存器对锁存所需数据很有用。在多路复用总线或者解复用的设计场景中，我们可以考虑使用多位锁存器。

触发器、计数器或移位寄存器在时钟的有效边沿工作，它们被用于许多时序设计中。有效边沿可以是低到高的转换（上升沿或正边沿）或高到低的转换（下降沿或负边沿）。在本节中，我们将介绍正边沿敏感和负边沿敏感的触发器以及它们在设计中的使用。如果想更好地在物理层面上理解这些设计，那么懂得电平敏感型器件和边沿敏感型器件的概念及其在逻辑设计中的应用是至关重要的。

6.4 锁存器及其在设计中的应用

正如上一节所讨论的，锁存器是对电平敏感的。在使能或时钟的有效电平期间，锁存器是透明的。例如，正电平敏感的锁存器的输出在正电平的有效电平期间等于输入。

同样地，负电平敏感的锁存器输出在负电平时等于输入。

6.4.1 正电平敏感的锁存器

在使能（en）的高电平有效期间，正电平敏感的锁存器是透明的。锁存器的输入和输出之间的关系如表 6.1 所示。

表 6.1 正电平敏感的锁存器

使能（sel_in = en）	数据输入（a_{in}）	输出（y_{out}）
1	0	0
1	1	1
0	x	保持之前的输出

如表 6.1 所述，对于高电平有效的使能，即 sel_in = 1 时，输出 $y_{out} = a_{in}$；sel_in = 0 时，输出 y_{out} 与前一个状态的输出相同。锁存器在非活动电平期间保持前一个状态的输出。

锁存器原理图如图 6.1 所示，数据输入端口 D = a_i，锁存器使能输入端口 en = sel_in，锁存器的输出端口 Q = y_{out}。

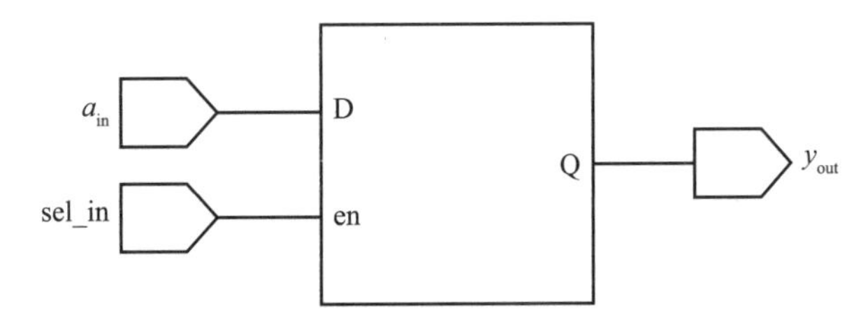

图 6.1 正电平敏感的锁存器

图 6.2 显示了正电平敏感的锁存器的时序，sel_in = 1 时，锁存器输出 $y_{out} = a_i$；sel_in = 0 时，锁存器保持之前的输出为 1 或 0。

图 6.2 正电平敏感锁存器的时序

6.4.2 负电平敏感的锁存器

在使能（en）的有效低电平期间，负电平敏感的锁存器是透明的。锁存器的输入和输出之间的关系如表 6.2 所示，在使能的低电平时，sel_in = 0，输出 $y_{out} = a_i$；sel_in = 1，输出 y_{out} 与前一个非活跃状态时的值相同。

表 6.2 负电平敏感的锁存器

使能（sel_in = en）	数据输入（a_i）	输出（y_{out}）
0	0	0
0	1	1
1	x	保持之前的输出

D 型锁存器原理图如图 6.3 所示，数据输入端口 D = a_i，锁存器使能输入端口 en = sel_in，锁存器的输出端口 Q = y_{out}。

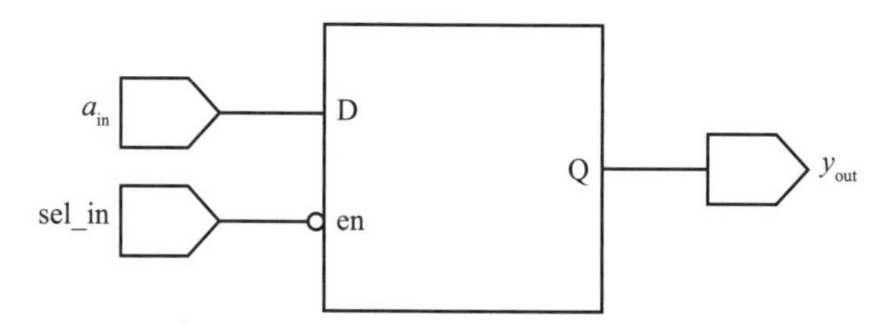

图 6.3 负电平敏感的锁存器

图 6.4 显示了负电平敏感锁存器的时序，sel_in = 0 时，锁存器的输出 $y_{out} = a_i$；sel_in = 1 时，锁存器保持之前的输出 1 或 0。

图 6.4 负电平敏感锁存器的时序

6.5 边沿敏感器件及其作用

大多数时候我们使用触发器是因为它们对时钟的有效边沿敏感，这意味着在一个时钟周期内，数据在时钟的正边沿或负边沿上被采样。触发器的主要优点是，数据在一个时钟周期内是稳定的。

在设计计数器和移位寄存器的过程中，我们使用 D 触发器的正边沿或负边沿为触发沿，本节将讨论 D 触发器的逻辑电路。

6.5.1 正边沿敏感的D触发器

正边沿意味着从低到高的过渡，也被称为上升沿。正边沿敏感触发器是通过使用两个级联锁存器实现的。数据输入 a_{in} 作为输入，输入到负电平敏感的锁存器；而负电平敏感锁存器的输出作为输入，输入到正电平敏感的锁存器。

正电平敏感的锁存器的输出作为 D 触发器的输出。图 6.5 显示了正边沿敏感的 D 触发器。

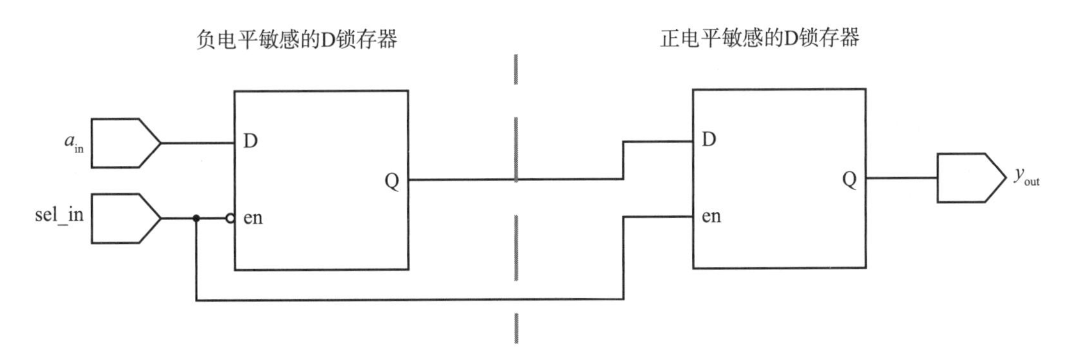

图 6.5　正边沿敏感的 D 触发器

正边沿敏感的 D 触发器原理图如图 6.6 所示。

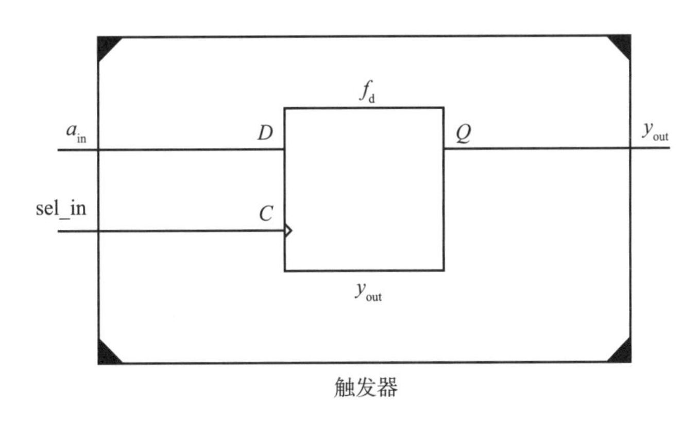

图 6.6　正边沿敏感的 D 触发器原理图

具有数据输入的正边沿敏感的触发器的时序为 $D = a_{in}$，clk = sel_in，输出 $Q = y_{out}$，如图 6.7 所示，触发器在 sel_in 的有效时钟边沿（即时钟的正边沿）对数据进行采样。

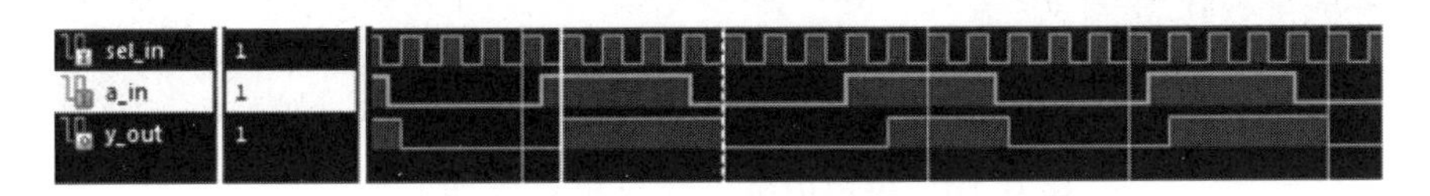

图 6.7　正边沿敏感的 D 触发器的时序

6.5.2 负边沿敏感的D触发器

负边沿意味着高电平向低电平过渡，也被称为下降沿。负边沿敏感的 D 触发器是通过使用两个级联的锁存器来设计的。数据输入 a_{in} 被作为正电平敏感 D 锁存器的输入，而正电平敏感锁存器的输出则作为负电平敏感锁存器的输入。

负电平敏感锁存器的输出作为 D 触发器的输出。图 6.8 显示了负边沿敏感的 D 触发器。

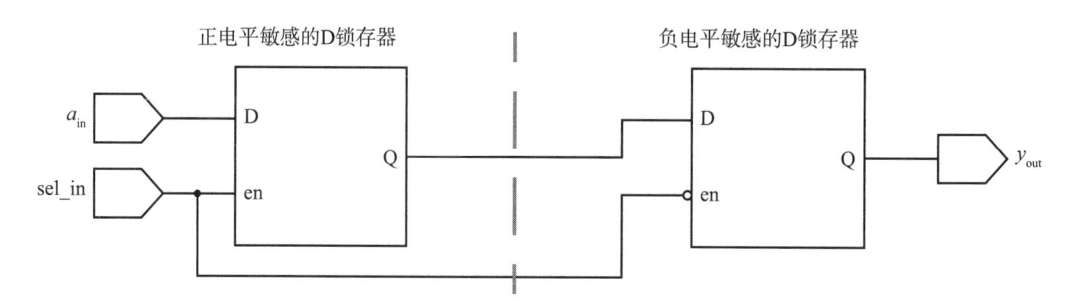

图 6.8 负边沿敏感的 D 触发器

图 6.9 是负边沿敏感 D 触发器的原理图。

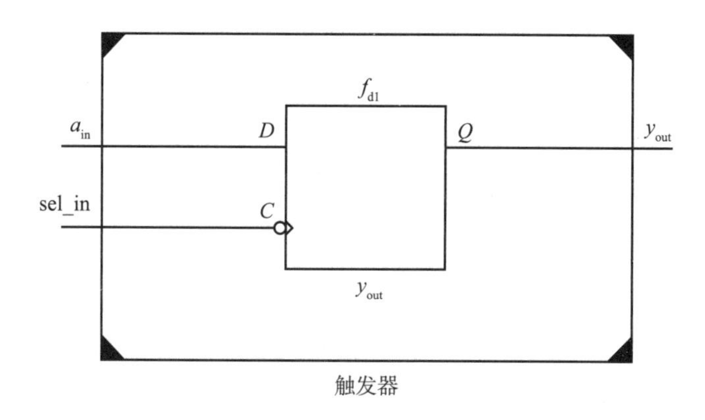

图 6.9 负边沿敏感的 D 触发器原理图

具有数据输入的负边沿敏感触发器的时序为 $D = a_{in}$，clk = sel_in，输出 $Q = y_{out}$。如图 6.10 所示，触发器在 sel_in 的有效的时钟边沿（即时钟的负边沿）对数据进行采样。

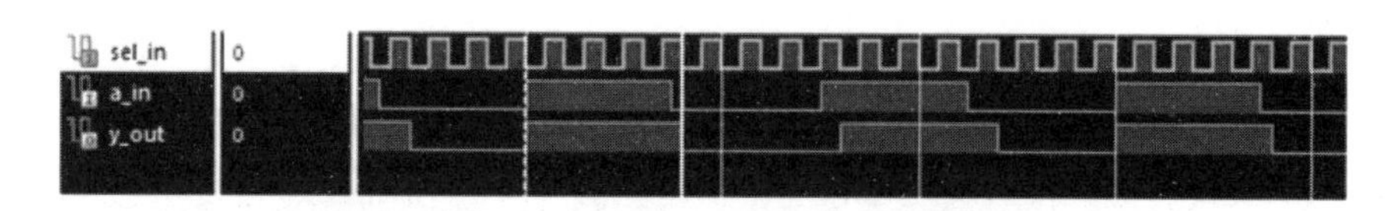

图 6.10 负边沿敏感的 D 触发器时序图

6.6 应 用

以下是锁存器和触发器在系统设计中的一些应用：

（1）锁存器被用于基于锁存器的设计中。例如，为了对总线进行解复用，解复用过程中的锁存器，在激活状态下透明，在非激活状态下保持数据输出。

（2）正边沿或负边沿敏感的触发器在设计中被用于计数器、移位寄存器、有限状态机（FSM）、作为一个寄存输入的单元、作为一个寄存输出的单元、读事务和写事务的存储寄存器等。

随后的章节将介绍这些应用的设计，目的是为了实现所需的频率、功耗和面积。

6.6.1 锁存器的应用

考虑系统设计的场景，其中处理器有 8 位复用的总线。对于使能 (en) = 1，总线作为地址总线，而对于 en = 0，它作为数据总线。为了解析地址总线和数据总线，我们使用 8 位锁存器。

如图 6.11 所示，在 en 的高电平有效时，锁存器是透明的，此时，总线上的可用地址被传输到锁存器的输出。对于 en = 0，锁存器被禁用并保持地址，由于此时 8 位锁存器的输入和输出之间没有任何联系，因此，总线作为数据总线，用于传输数据或接收数据。

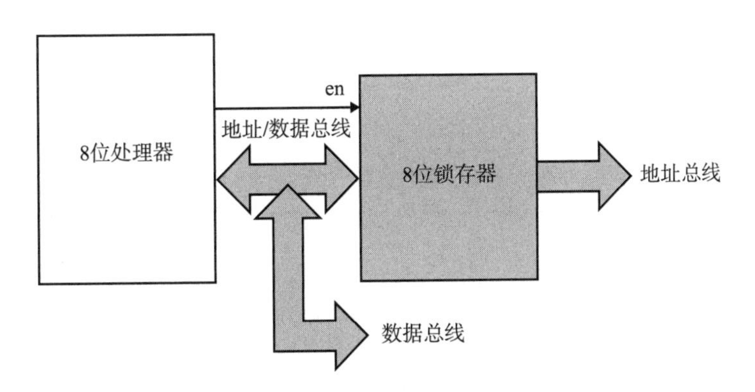

图 6.11 用于解复用总线的锁存器

6.6.2 触发器的应用

触发器是边沿敏感的，它们被用来在时钟的有效边沿对数据输入进行采样。

考虑一下 ALU 的寄存器输入。为了获取“操作数”和“操作码”，需要使用寄存器。寄存器组就是触发器。

如图 6.12 所示，一组触发器（寄存器）被用来在时钟的上升沿对操作数 A、B 和指令 OPCODE 进行采样。这种技术对于 ALU 或任何类型的设计来说都是非常有用的，因为它可以为 ALU 提供寄存器输入。

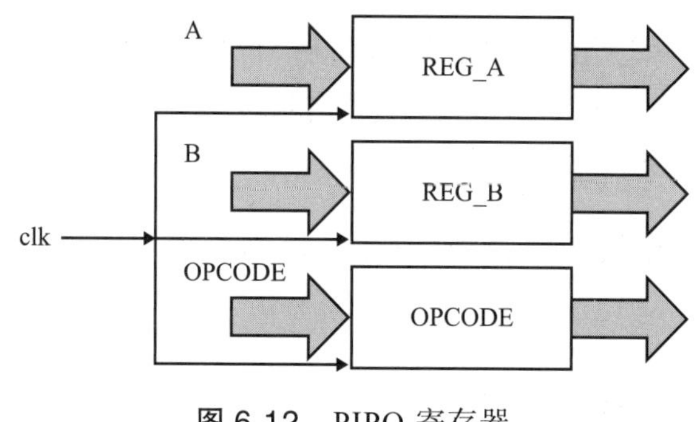

图 6.12 PIPO 寄存器

6.7 例 题

借助对锁存器和触发器的理解来完成以下练习。

【例题 1】使用最少数量的二选一 MUX 来设计正电平敏感的锁存器。

解答过程：记录正电平敏感的锁存器对应的条目，如表 6.3 所示。

表 6.3 正电平敏感的锁存器

使能 (sel_in)	数据输入（a_{in}）	输出（y_{out}）
1	0	0
1	1	1
0	x	保持之前的输出

如果用 sel_in 作为二选一 MUX 的选择信号的输入，那么在 sel_in 的正电平期间，即 sel_in = 1，输出 $y_{out} = a_{in}$。

现在，为了得到正电平敏感的锁存器，我们反馈输出端口 y_{out} 到二选一 MUX 的 I_0 输入。在 sel_in 的负电平期间，二选一 MUX 的 y_{out} 与之前的输出相同。

如图 6.13 所示，使用一个二选一 MUX 就可以设计出正电平敏感的锁存器。

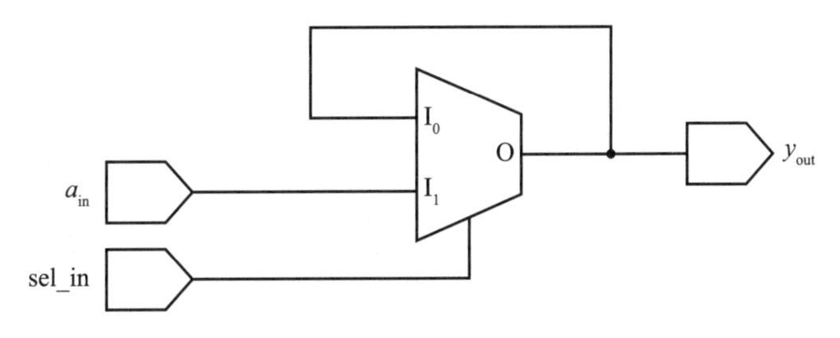

图 6.13 使用二选一 MUX 的正电平敏感锁存器

【**例题 2**】使用最少的二选一 MUX 来设计负电平敏感的锁存器。

解答过程：记录负电平敏感的锁存器对应的条目，如表 6.4 所示。

表 6.4 负电平敏感的锁存器

使能（sel_in）	数据输入（a_{in}）	输出（y_{out}）
0	0	0
0	1	1
1	x	保持之前的输出

如果用 sel_in 作为二选一 MUX 的选择信号的输入，那么在 sel_in 的负电平时，即 sel_in = 0，输出 $y_{out} = a_{in}$。

现在，为了得到负电平敏感的 D 锁存器，我们反馈输出信号 y_{out} 到二选一 MUX 的 I_1 输入。在 sel_in 的正电平期间，二选一 MUX 的 y_{out} 与前一个输出相同。

如图 6.14 所示，使用一个二选一 MUX 就可以设计出负电平敏感的锁存器。

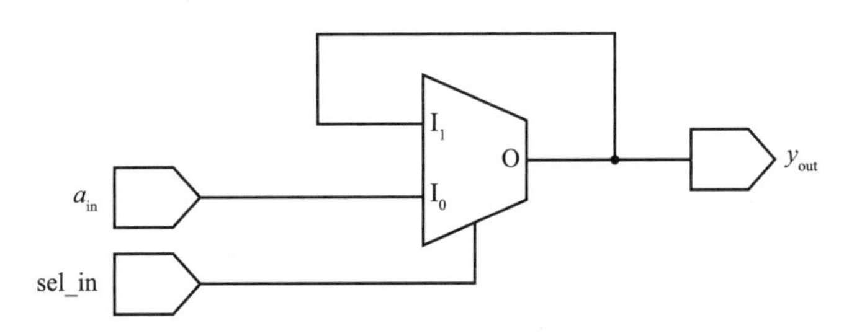

图 6.14 使用二选一 MUX 的负电平敏感的锁存器

【**例题 3**】图 6.15 所示逻辑电路的功能是什么?

解答过程：观察图 6.15，锁存器的启用与否，是由 MUX 的输出控制的。换言之，锁存器的使能输入不是 sel_in。

该设计在低电平时对 a_{in} 进行采样，在高电平时保持之前的输出，是低电平敏感的锁存器。

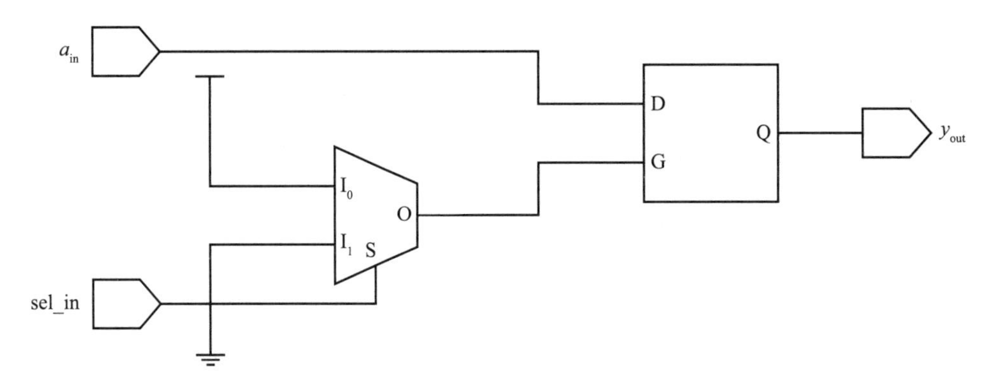

图 6.15 时序逻辑

【例题 4】使用最少的二选一 MUX 设计正边沿敏感的 D 触发器。

解答过程：记录正边沿敏感的 D 触发器对应的条目，如表 6.5 所示。

表 6.5 正边沿敏感的 D 触发器

clk（sel_in）	数据输入（a_{in}）	输出（y_{out}）
_|‾	0	0
_|‾	1	1
‾|_	x	保持之前的输出

对于每一次从低到高的转换，输出 $y_{out} = a_{in}$。因此，我们使用两个串行的电平敏感锁存器。在 sel_in 的负电平上对数据输入 a_{in} 进行采样。负电平敏感锁存器的输出连接到正电平敏感锁存器的输入端口。

按照例题 1 和例题 2 中的讨论，使用二选一 MUX 设计正负电平敏感的锁存器。用两个二选一 MUX 组成的正边沿敏感的 D 触发器如图 6.16 所示。

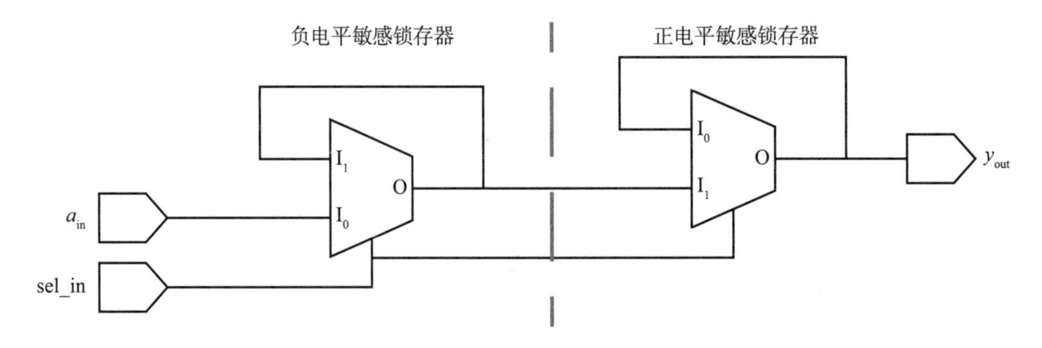

图 6.16 使用二选一 MUX 的正边沿敏感的 D 触发器

【例题 5】使用最少的二选一 MUX 设计负边沿敏感的 D 触发器。

解答过程：记录负边沿敏感的 D 触发器对应的条目，如表 6.6 所示。

表 6.6 负边沿敏感的 D 触发器

clk（sel_in）	数据输入（a_{in}）	输出（y_{out}）
⌉_	0	0
⌉_	1	1
_⌈	x	保持之前的输出

对于每一次高到低的转换，输出 $y_{out} = a_{in}$，因此，我们使用两个串行的电平敏感锁存器。在 sel_in 的正电平上对数据输入 a_{in} 进行采样。正电平敏感锁存器的输出连接到负电平敏感锁存器的输入端口。

按照例题 1 和例题 2 中的讨论，用二选一 MUX 设计正负电平敏感的锁存器。使用两个二选一 MUX 设计得到的负边沿敏感的 D 触发器如图 6.17 所示。

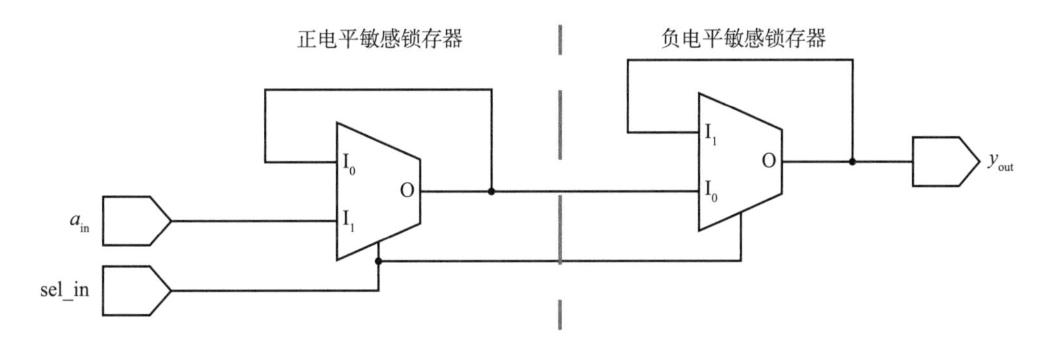

图 6.17 使用二选一 MUX 的负边沿敏感的 D 触发器

【例题 6】如图 6.18 所示，假设每个 NOT 门的延迟是 0.5ns，求环形振荡器 y_{out} 的工作频率。

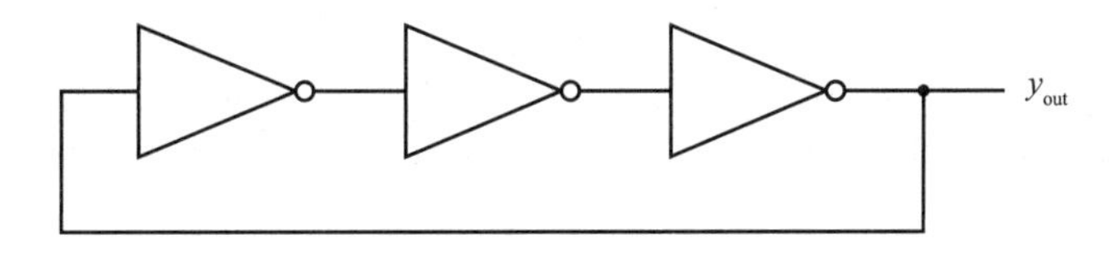

图 6.18 环形振荡器

解答过程：三个 NOT 门以级联的方式连接，输出 y_{out} 将在输入改变 $3 \times t_{pd} = 3 \times 0.5\text{ns}$ 的延迟后切换，因此环形振荡器的 y_{out} 处的时钟频率为

$$f_{max} = \frac{1}{T} = \frac{1}{2 \times 3 \times 0.5\text{ns}} = \frac{1}{3\text{ns}} = 333.33\text{MHz}$$

【例题 7】画出异步低电平复位的 D 触发器，记录该触发器的真值表，并画出时序图。

解答过程：异步复位或异步清零用于初始化触发器，当 reset_n = 0 时，输出被强制为逻辑 0，与时钟的有效沿是否到来无关，该触发器如图 6.19 所示。

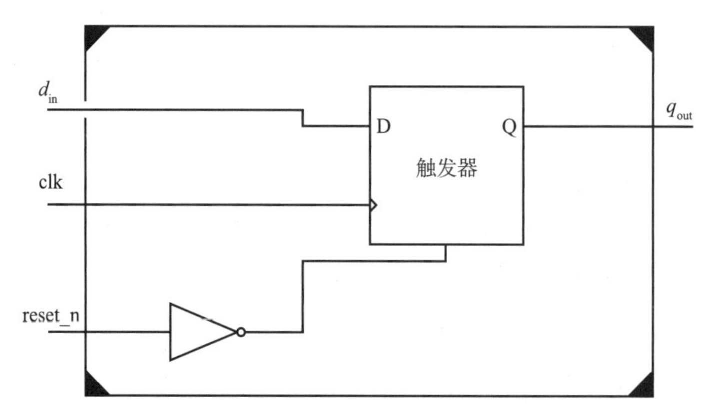

图 6.19 异步复位的 D 触发器

表 6.7 给出了该触发器的输入和输出的相关信息。

表 6.7 异步复位的 D 触发器的真值表

reset_n	数据输入（d_{in}）	输出（y_{out}）
1	0	0
1	1	1
0	x	0

时序如图 6.20 所示，当 reset_n = 0 时，无论时钟（sel_in）的上升沿如何，输出 y_{out} 都被强制为逻辑 0。

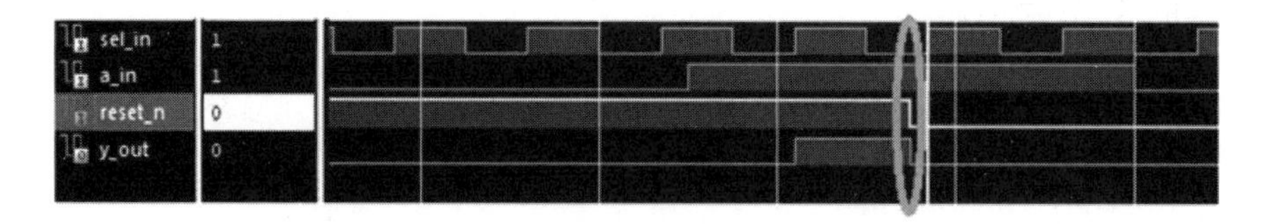

图 6.20 异步复位的 D 触发器的时序图

【例题 8】画出同步低电平复位的 D 触发器，记录该触发器的真值表，并画出时序图。

解答过程：同步复位或同步清零用于初始化触发器，当 reset_n = 0 时，触发器的输出在时钟的有效边沿被强制为逻辑 0，该触发器如图 6.21 所示。

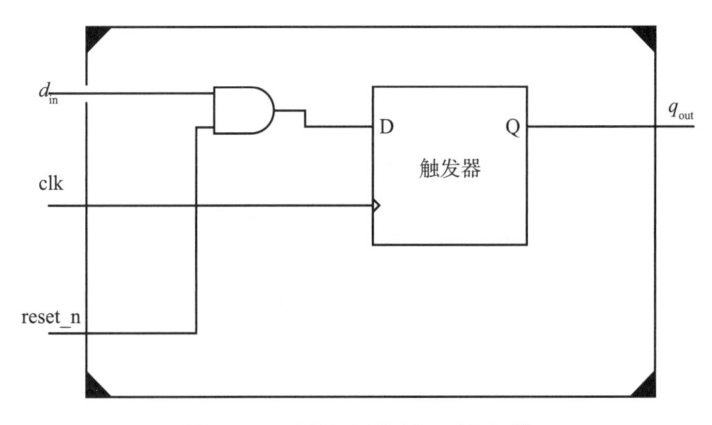

图 6.21　同步复位的 D 触发器

表 6.8 给出了该触发器的输入和输出的相关信息。

表 6.8　同步复位的 D 触发器的真值表

reset_n	clk	数据输入（d_{in}）	输出（y_{out}）
1	⌐上升沿	0	0
1	⌐上升沿	1	1
0	⌐上升沿	x	0

时序如图 6.22 所示，当 reset_n = 0 时，输出 y_{out} 在时钟（sel_in）的上升沿被强制为逻辑 0。如果 reset_n = 0，发生在时钟的有效边沿之前，那么输出不会被强制到逻辑 0，因为复位的类型是同步复位。

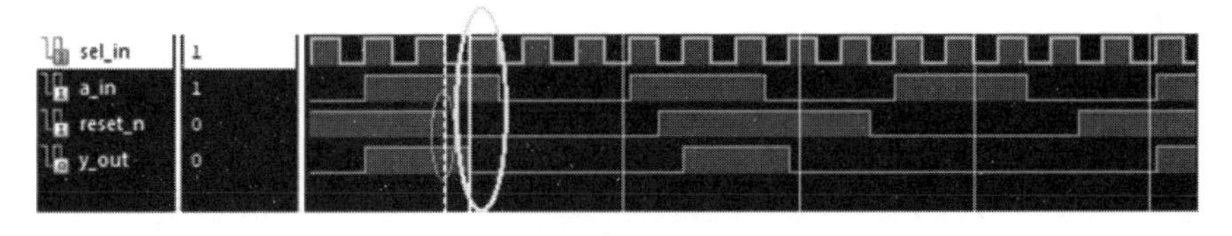

图 6.22　同步复位的 D 触发器的时序图

6.8　小　结

以下是本章的几个重点：

（1）时序逻辑的设计器件是锁存器和触发器。

（2）在时序逻辑设计中，输出是“当前的输入”和“过去的输出”共同作用的结果。

（3）锁存器对电平敏感。

（4）D 触发器是边沿敏感的。

（5）在使能输入的有效电平期间，锁存器是透明的。

（6）触发器在时钟的有效边沿对数据输入进行采样。

（7）设计计数器和移位寄存器时，我们可以使用触发器，因为它们是边沿敏感的。

第7章　时序设计技术

实现时序逻辑的设计技术在各种系统设计应用中都很有用。

在前几章中，我们已经讨论了组合逻辑和时序逻辑器件，同时我们也使用了逻辑门和触发器来设计时序逻辑。本章将介绍实现时序设计的各种有用技术，我们的目标是使时序设计具有更小的面积、更大的频率和更低的功耗。

时序设计分为同步设计和异步设计，下面分别进行详细介绍。

7.1 同步设计

在同步设计中，时钟对所有的触发器是通用的。也就是说，时钟来自共同的时钟源 PLL。PLL 是锁相环，用于生成时钟。例如计数器、移位寄存器，都使用共同的时钟。图 7.1 显示了具有共同时钟源的同步设计。

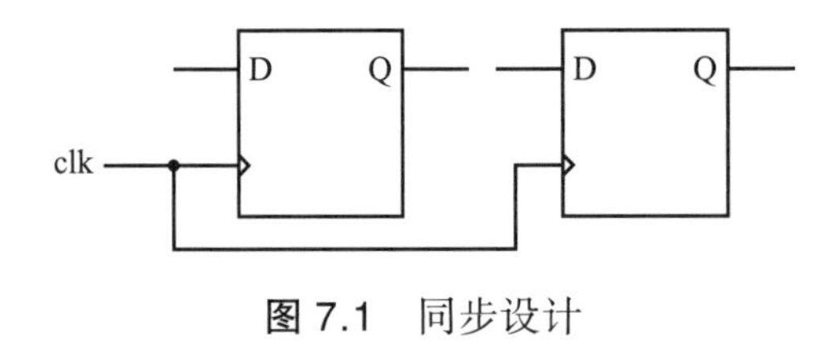

图 7.1 同步设计

7.2 异步设计

在异步设计中，各个时序器件的时钟是由不同的时钟源驱动的。如图 7.2 所示，左边的触发器从 PLL 接收时钟，右边的触发器时钟端口的输入来自于左边触发器的 Q 端输出。

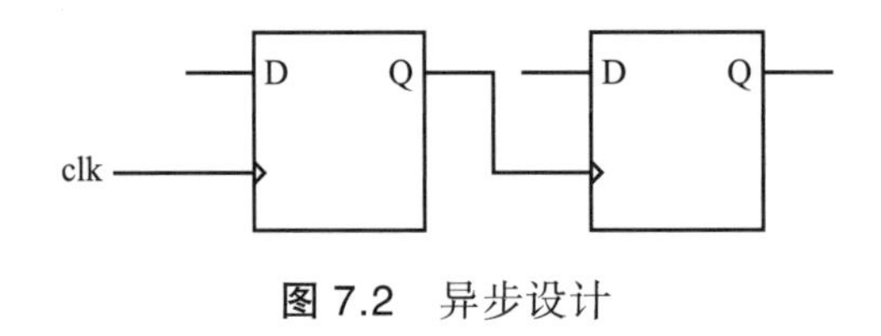

图 7.2 异步设计

7.3 为什么要使用同步设计？

正如前面在异步设计中所讨论的，高位触发器的时钟来自前一级触发器的输出。根据电路的需要，触发器的时钟被导出，低位触发器接收作为 PLL 输出的时钟。

现在，让我们试着了解一下异步设计中的问题是什么？在异步设计中，产生输出的总体延迟是由于时钟的传播造成的。对于 n 个阶段，从最高位触发器得到输出的延迟是 $n \times t_{\text{pff}}$，其中 t_{pff} 是触发器的传播延迟或时钟到 q 的延迟。延迟和一些其他概念，如触发器的时序参数，将在接下来的几章中讨论。

对于图 7.3 所示的异步设计，阶数 $n = 4$，因此，该设计的最大传播延迟为 $n \times t_{\text{pff}}$。如果 t_{pff} 是 1ns，那么从最高位触发器获得输出的延迟是 4ns。正如前面所讨论的，异步设计有更多的延迟，与同步设计相比，它们更慢。因此，在大多数需要高速电路的应用和系统设计中，异步设计不被使用。异步时钟也有其他类型的问题，因此它被视为差的时钟方案。

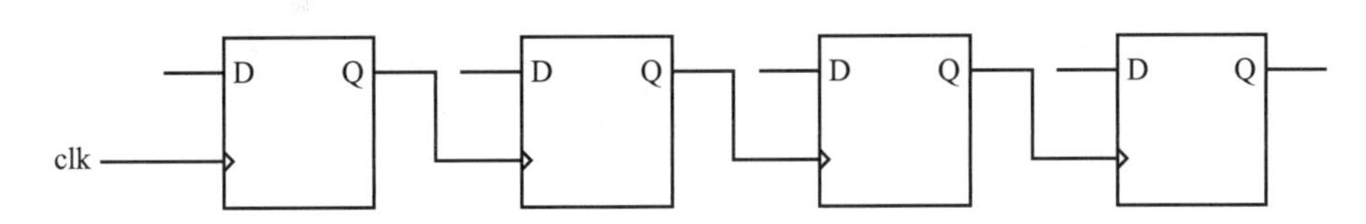

图 7.3　具有多级 D 触发器的异步设计

图 7.4 显示了同步设计，其中两个触发器的时钟都来自公共时钟源。在触发器之间，使用了组合逻辑，在大多数情况下，我们称其为 reg-to-reg 路径。这里，设计的最大频率取决于触发器的时序参数，即建立时间（t_{su}）、保持时间（t_{h}）、时钟到 q 的延迟（t_{ctoq} 或 t_{pff}）和组合逻辑延迟。

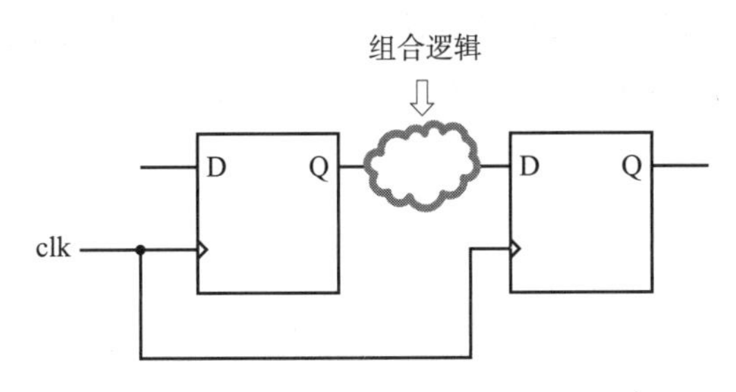

图 7.4　同步设计（reg-to-reg 路径）

最大频率的计算和触发器的时序参数将在随后的章节中讨论，下面将介绍实现时序设计的设计技术。

我们可以将“时序器件”用作正边沿敏感或负边沿敏感的触发器。触发器在时钟的有效边沿对数据进行采样并用于时序设计。同时，为了实现计数器、移位寄存器或有限状态机，我们可以根据设计要求，使用其他合适的单元，如逻辑门或组合器件。

例如，考虑二分频计数器，它是通过使用“D 触发器”和“额外的组合逻辑电路”设计的“翻转D触发器”（图7.5）。该触发器是上升沿触发的，复位方式为异步低电平复位。

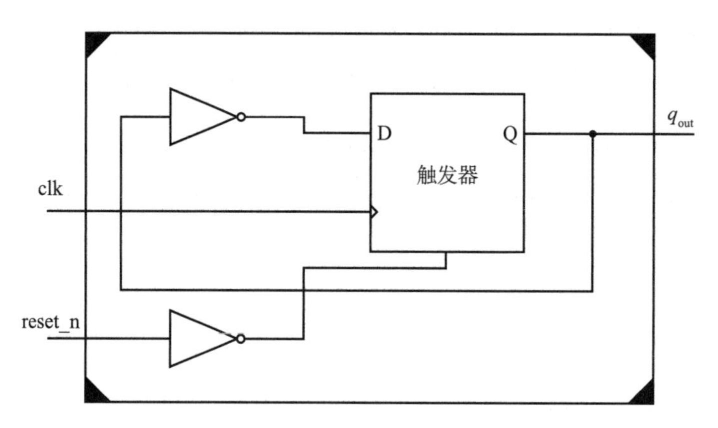

图7.5 翻转D触发器

1. 复位路径

复位路径中使用了NOT门，触发器具有“异步低电平复位”的功能。异步复位或清零意味着当复位输入为低电平（逻辑0）时，无论时钟的有效边沿如何，触发器的输出都被初始化为逻辑0。

2. 数据路径

由于要求在时钟的上升沿切换输出的值，所以在复位数据路径中使用了NOT门。而在数据路径中，NOT门是对触发器输出的补充，可以使触发器输出端口的Q取反之后，返回输入端口D。

3. 时钟路径

设计中的时钟是由PLL产生的，被命名为clk。对于低功耗的设计，时钟路径有额外的逻辑，将在第11章中进行介绍。时钟门控单元对于最大限度地减少功耗非常有用。

4. 设计的最大频率

每个时序设计都在特定的频率上工作，由于t_{su}、t_h、t_{ctoq}和组合延迟的影响，设计的最大频率受到限制。对于二分频计数器，即翻转D触发器，其最大频率为：

$$f_{max} = \frac{1}{t_{pff} + t_{combo} + t_{su}}$$

其中，t_{pff} 为触发器传播延迟，也被称为 clock-to-q 的延迟；$t_{combo} = t_{inv}$，是组合延迟，即非门对应的延迟；t_{su} 为触发器的建立时间，对应于在时钟上升沿之前，触发器的 D 输入端应该稳定的最小时间量。

最大频率的计算以及时序路径和参数的细节将在随后的章节中讨论。

7.4 D触发器及其在设计中的使用

由于 D 触发器只有一个输入端口，所以 D 触发器在设计时序逻辑时很受欢迎。与 JK 或 SR 触发器的两个输入相比，只有一个输入端口使 D 触发器很容易控制。同时由于数据路径中的逻辑较少，与 SR 或 JK 触发器相比，使用 D 触发器进行时序设计的面积需求更小。

我们需要什么有关 D 触发器的知识?

对于使用 D 触发器进行的时序设计，我们需要对激励输入和激励表格有深入的理解。所以，让我们试着讨论一下。

假设 D 触发器的当前状态是 Q，下一状态是 Q^+，如表 7.1 所示。

表 7.1 D 触发器的状态表

当前状态（Q）	下一状态（Q^+）
0	0
0	1
1	0
1	1

表 7.2 给出了 D 触发器的数据输入应该是什么，以便在时钟的有效边沿获得下一状态的输出。

如表 7.2 所示，触发器的 D 输入等于下一状态 Q^+，也就是说，如果当前状态 $Q = 0$，下一状态 $Q^+ = 1$，那么为了得到下一状态作为触发器的输出，触发器的数据输入 $D = 1$，即 $D = Q^+$。在时序电路设计和 FSM 设计中，我们使用激励表来推断 D 触发器的数据输入处所需的组合逻辑。

现在，考虑以下的设计场景：使用单个 D 触发器获得二分频输出。

我们需要做的是，记录下激励表中的条目，推导出逻辑。

如表 7.3 所示，激励输入 $D = Q^+$，它是对当前状态 Q 进行取反，因此，

$D=\overline{Q}$。所以，二分频触发器是通过使用单个 D 触发器和 NOT 门来设计的。如果该触发器使用异步低电平复位方式的话，那么在复位路径中，触发器的清零输入也由非门控制。

表 7.2 D 触发器的输入激励表

当前状态（Q）	下一状态（Q^+）	激励输入（D）
0	0	0
0	1	1
1	0	0
1	1	1

表 7.3 D 触发器的激励表

当前状态（Q）	下一状态（Q^+）	激励输入（D）
0	1	1
1	0	0

该设计如前面介绍的图 7.5 所示。

7.5 使用设计规范进行设计

现在，我们使用设计规范来约束时序电路设计：

（1）设计应该使用正边沿敏感的触发器。

（2）设计的输出应在时钟的上升沿进行切换。

（3）设计应该选择低电平有效的异步复位方式。

（4）假如设计使用了异步高电平使能，即对于 data_in = 1，触发器的输出会进行翻转。

下面，我们尝试使用设计规范设计时序逻辑。

设计要求是在时钟的每个上升沿都要有信号翻转。有两个状态，即触发器输出逻辑 1 是状态 s_1，触发器输出逻辑 0 是状态 s_0。对于两个状态，我们只需要一个触发器。状态数和触发器之间的关系是“触发器数量”等于以 2 为底的“状态数”的对数。

因此，为了获得翻转型的输出结果，我们只需要有一个正边沿敏感的 D 触发器，设计规格在真值表中列出。

如表 7.4 所示，激励输入 $D = Q^+$，当使能输入 data_in = 1 时，输出为当前状态 Q 取反的逻辑，即 $D = \overline{Q}$，所以，我们使用一个 D 触发器和 NOT 门来设计翻转触发器。使能输入被包含在设计中，在 data_in = 0 条件下，保持触发器的前一个状态。如果触发器是异步低电平复位，那么在复位路径中，触发器的清零输入由 NOT 门控制。

表 7.4　带有使能输入的激励表

使能（data_in）	当前状态（Q）	下一状态（Q^+）	激励输入（D）
1	0	1	1
1	1	0	0
0	0	0	0
0	1	1	1

该设计如图 7.6 所示。

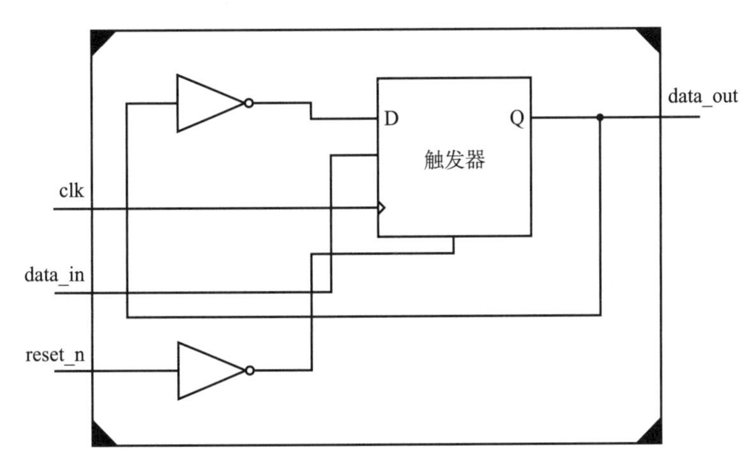

图 7.6　使能输入的翻转触发器

7.6　同步计数器的设计

现在，我们尝试使用前几节介绍的知识来设计 MOD-4 二进制递增计数器。顾名思义，该计数器有四种状态：s_0、s_1、s_2、s_3。

设计二进制递增计数器时，请遵循以下步骤：

1. 找出状态的数量

状态的数量 = 4。

2. 计算触发器的数量

触发器的数量为

$$n = \log_2 4 = 2$$

因此，我们使用正边沿敏感的 D 触发器。

3. 复位策略

使用低电平的异步复位输入 reset_n。对于 reset_n = 0，计数器复位；对于 reset_n = 1，计数器的输出在时钟的上升沿递增。

4. 记录状态表中的条目

MOD–4 同步二进制计数器的状态表显示在表 7.5 中。

表 7.5 MOD–4 同步二进制计数器的状态表

当前状态（q_1q_0）	下一状态（$q_1^+q_0^+$）
00	01
01	10
10	11
11	00

5. 记录激励表中的条目

激励表由当前状态、下一状态和激励输入组成，如表 7.6 所示。

表 7.6 MOD–4 同步二进制计数器的激励表

当前状态（q_1q_0）	下一状态（$q_1^+q_0^+$）	激励输入（D_1D_0）
00	01	01
01	10	10
10	11	11
11	00	00

6. 推断 D_1、D_0 的逻辑

如图 7.7 和图 7.8 所示，我们使用双变量卡诺图，将当前状态 q_1、q_0 作为输入，得到 D_1、D_0 的逻辑：

$$D_1 = \overline{q_1} \cdot q_0 + \overline{q_0} \cdot q_1 = q_1 \oplus q_0$$

$$D_0 = \overline{q_0}$$

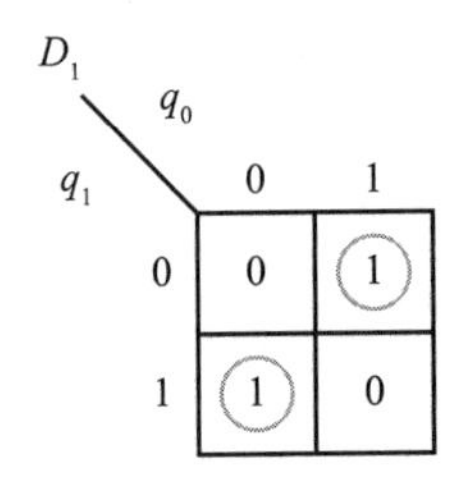

图 7.7 D_1 的卡诺图

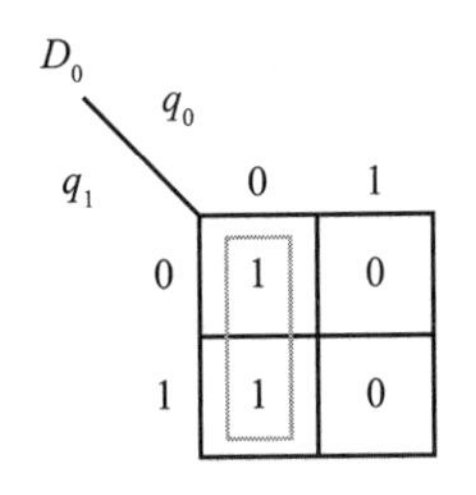

图 7.8 D_0 的卡诺图

7. 简述一下逻辑

正如前面所讨论的那样，我们需要有两个触发器和一个 XOR 门来实现 MOD-4 同步二进制计数器，如图 7.9 所示。

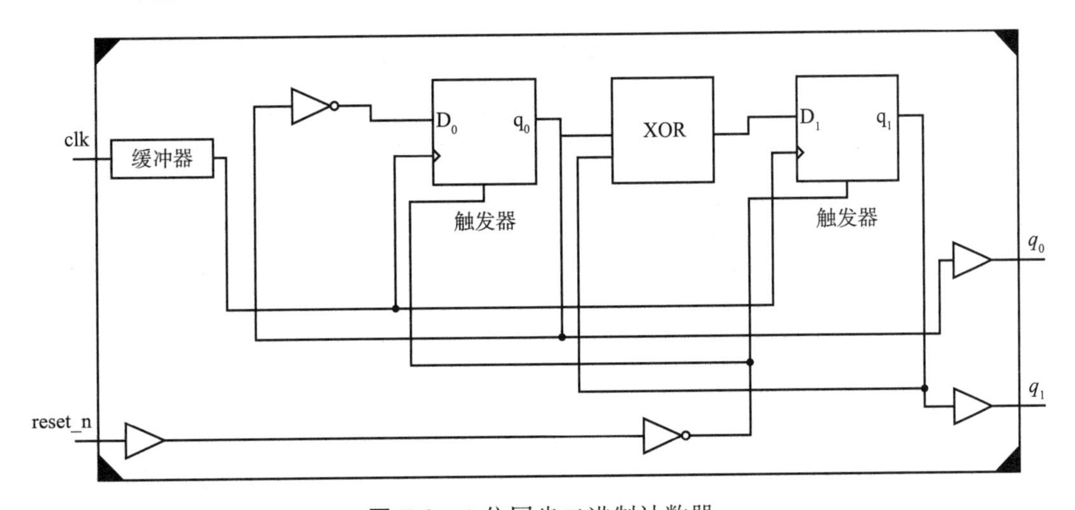

图 7.9 2 位同步二进制计数器

7.7 例 题

【例题 1】使用异步复位（reset_n）、上升沿敏感的 D 触发器和最少的逻辑门设计二进制递减计数器。

解答过程：现在，我们尝试用前面几节介绍的知识来设计 MOD-4 同步二进制递减计数器。顾名思义，该计数器有四种状态：s_0、s_1、s_2、s_3。

二进制递减计数器的设计按照以下步骤进行：

1. 找出状态的数量

状态的数量 = 4。

2. 计算触发器的数量

触发器的数量为

$$n = \log_2 4 = 2$$

因此，我们使用正边沿敏感的 D 触发器。

3. 复位策略

使用低电平的异步复位输入端口 reset_n。对于 reset_n = 0，计数器复位；对于 reset_n = 1，计数器的输出在时钟的上升沿递减。

4. 记录状态表中的条目

MOD-4 同步二进制递减计数器的状态显示在表 7.7 中。

表 7.7 MOD-4 同步二进制递减计数器的状态表

当前状态（q_1q_0）	下一状态（$q_1^+q_0^+$）
11	10
10	01
01	00
00	11

5. 记录激励表中的条目

激励表由当前状态、下一状态和激励输入组成，如表 7.8 所示。

表 7.8 MOD-4 同步二进制递减计数器的激励表

当前状态（q_1q_0）	下一状态（$q_1^+q_0^+$）	激励输入（D_1D_0）
11	10	10
10	01	01
01	00	00
00	11	11

6. 推断 D_1，D_0 的逻辑

如图 7.10 和图 7.11 所示，我们使用双变量卡诺图，将当前状态 q_1、q_0 作为输入，得到 D_1、D_0 的逻辑：

$$D_1 = \overline{q_1} \cdot \overline{q_0} + q_1 \cdot q_0 = \overline{q_1 \oplus q_0}$$

$$D_0 = \overline{q_0}$$

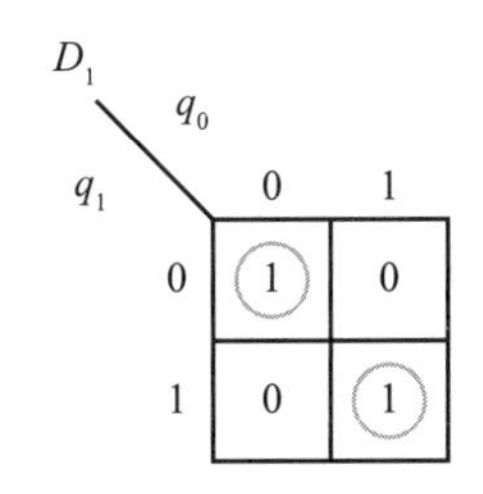

图 7.10 D_1 的卡诺图

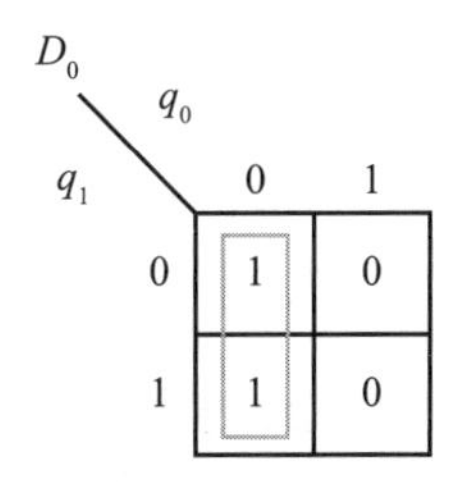

图 7.11 D_0 的卡诺图

7. 简述一下逻辑

正如前面所讨论的那样，我们需要有两个触发器和一个 XNOR 门来实现 MOD-4 同步二进制递减计数器，如图 7.12 所示。

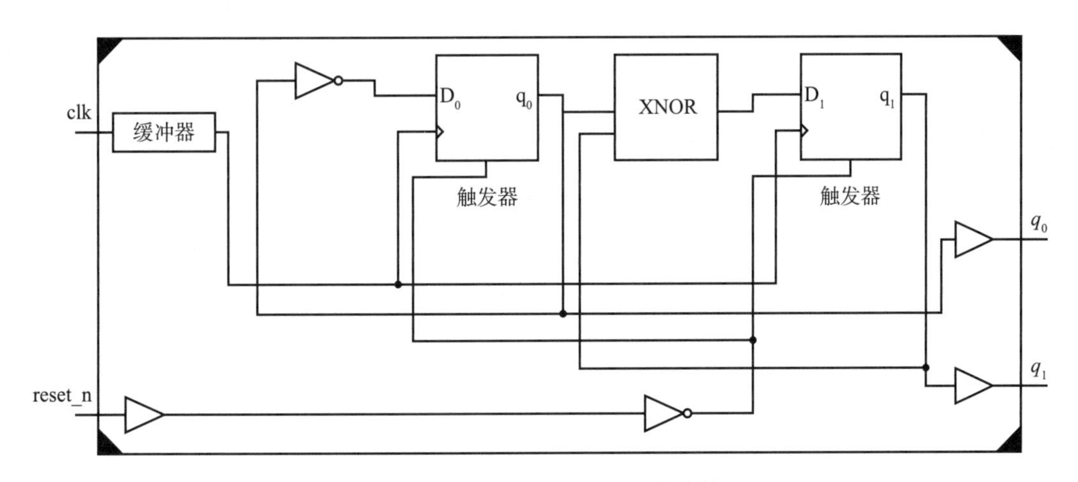

图 7.12 2 位同步二进制递减计数器

【例题 2】使用异步复位（reset_n）、上升沿敏感的 D 触发器和最少的逻辑门设计同步格雷码计数器。

解答过程：现在，尝试使用前面几节介绍的知识来设计同步格雷码计数器。顾名思义，该计数器有四种状态：s_0，s_1、s_2、s_3。

格雷码计数器需要按照以下步骤进行设计：

1. 找出状态的数量

状态的数量 = 4。

2. 计算触发器的数量

触发器的数量为

$$n = \log_2 4 = 2$$

因此，我们使用正边沿敏感的 D 触发器。

3. 复位策略

使用低电平异步复位输入端口 reset_n。对于 reset_n = 0，计数器复位；对于 reset_n = 1，计数器的输出在时钟的上升沿变化。

4. 记录状态表中的条目

同步格雷码计数器的状态如表 7.9 所示。

表 7.9 2 位同步格雷码计数器的状态表

当前状态（q_1q_0）	下一状态（$q_1{+}q_0^+$）
00	01
01	11
11	10
10	00

5. 记录激励表中的条目

激励表由当前状态、下一状态和激励输入组成，如表 7.10 所示。

表 7.10 2 位格雷码计数器的激励表

当前状态（q_1q_0）	下一状态（$q_1^+q_0^+$）	激励输入（D_1D_0）
00	01	01
01	11	11
11	10	10
10	00	00

6. 推断 D_1、D_0 的逻辑

如图 7.13 和图 7.14 所示，我们使用双变量卡诺图，将当前状态 q_1、q_0 作为输入，得到 D_1、D_0 的逻辑：

$$D_1 = q_0$$
$$D_0 = \overline{q_1}$$

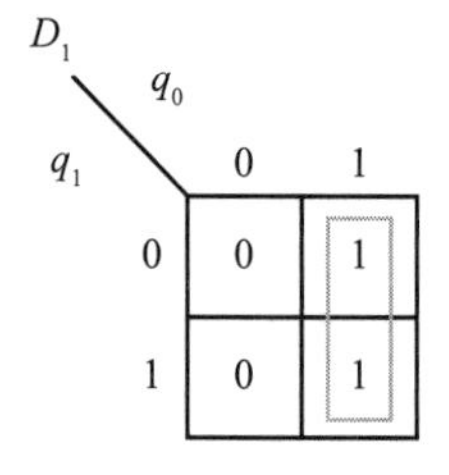

图 7.13 D_1 的卡诺图

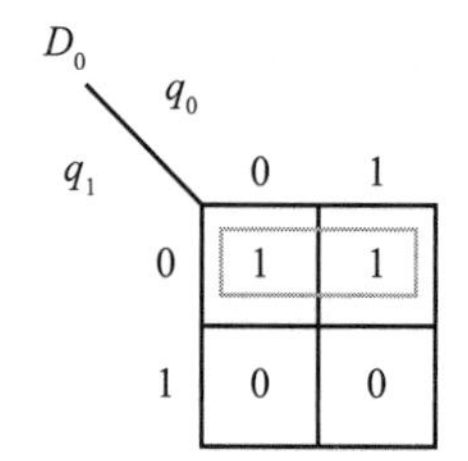

图 7.14 D_0 的卡诺图

7. 简述一下逻辑

正如前面所讨论的那样，我们需要有两个触发器来实现格雷码计数器，如图 7.15 所示。

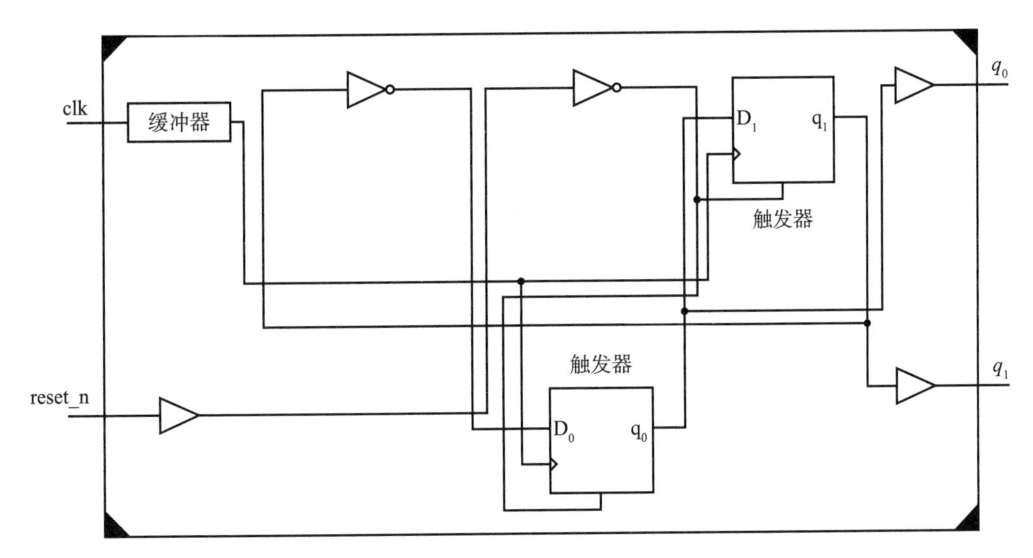

图 7.15　2 位格雷码计数器

7.8　重要准则

在 VLSI 设计方面，如果你是 FPGA 工程师或系统设计工程师，那么请遵循以下准则：

（1）使用同步设计，因为与异步设计相比，它们更快。

（2）不要使用派生时钟，因为它们有时钟偏移。

（3）异步时钟容易出现毛刺，所以要尽量避免使用“异步计数器”或者“异步时钟”。

（4）在单时钟域设计中，使用系统中的单 PLL 来产生时钟。

（5）如果使用的是异步复位，那么使用同步器在“异步复位的输入信号”与“主复位信号”之间进行同步。

（6）如果有较严格的面积和功耗要求，那么请使用格雷码计数器。

7.9 小　结

以下是本章的几个重点：

（1）同步计数器使用对所有触发器都生效的共同时钟。

（2）在异步计数器中，低位触发器的时钟使用主时钟，高位触发器的时钟端口的输入来自前一个触发器输出。

（3）与异步电路相比，同步电路的频率更快。

（4）对于 reg-to-reg 路径，最大频率的计算公式为

$$f_{\max} = \frac{1}{t_{\text{pff}} + t_{\text{combo}} + t_{\text{su}}}$$

（5）MOD–4 计数器有四种状态，需要使用两个触发器来实现设计。

（6）在 2 位格雷码计数器中，不需要额外的组合逻辑，因此可最大限度地减少功耗和面积。

第 8 章　重要的设计场景

时序设计技术在系统设计过程中对提高设计性能非常有帮助。

正如第7章所介绍的，使用时序设计器件可以获得更高的频率和更小的面积。本章将介绍设计时序逻辑电路的重要设计方法和常用的设计技术。本章对了解占空比以及如何在“达到控制占空比目标”的前提下设计时序电路很有帮助。

8.1 MOD-3计数器

现在，我们尝试使用前几章介绍的知识设计 MOD-3 同步二进制递增计数器。顾名思义，该计数器有三个状态：s_0、s_1 和 s_2。

二进制递增计数器的设计需要遵循以下步骤：

1. 找出状态的数量

状态的数量 = 3。

2. 计算触发器的数量

触发器的数量为

$$n = \log_2 3$$

因此，我们使用两个正边沿敏感的 D 触发器。

3. 复位策略

我们使用低电平的异步复位输入 reset_n。对于 reset_n = 0，计数器的输出被初始化为零；对于 reset_n = 1，计数器的输出在时钟的上升沿递增。

4. 记录状态表中的条目

MOD-3 同步二进制递增计数器的状态表显示在表 8.1 中。

表 8.1 MOD-3 同步二进制递增计数器的状态表

当前状态（q_1q_0）	下一状态（$q_1^+q_0^+$）
00	01
01	10
10	00

5. 记录激励表中的条目

激励表由当前状态、下一状态和激励输入组成，如表 8.2 所示。

表 8.2 MOD-3 同步二进制递增计数器的激励表

当前状态（q_1q_0）	下一状态（$q_1^+q_0^+$）	激励输入（D_1D_0）
00	01	01
01	10	10
10	00	00

6. 推断 D_1 和 D_0 的逻辑

如图 8.1 和图 8.2 所示，我们使用双变量卡诺图，将当前状态 q_1 和 q_0 作为输入，得到 D_1 和 D_0 的逻辑：

$$D_1 = q_0$$
$$D_0 = \overline{q_0} \cdot \overline{q_1} = \overline{q_1 + q_0}$$

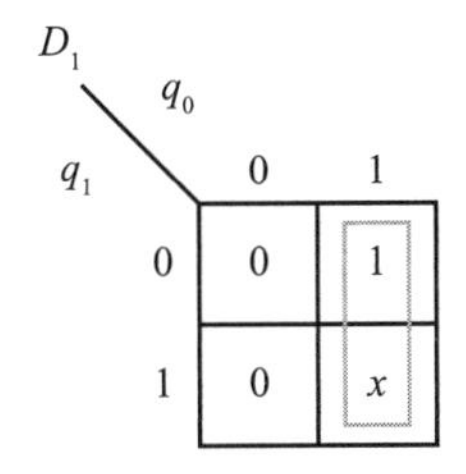

图 8.1 D_1 的卡诺图

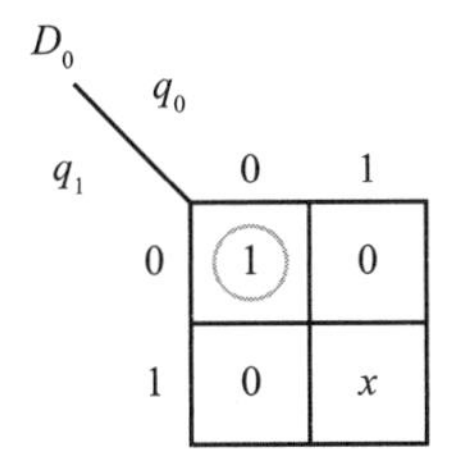

图 8.2 D_0 的卡诺图

7. 简述一下逻辑

正如前面所讨论的那样，我们需要使用两个触发器和一个 NOR 门来实现 MOD-3 同步二进制递增计数器，如图 8.3 所示。

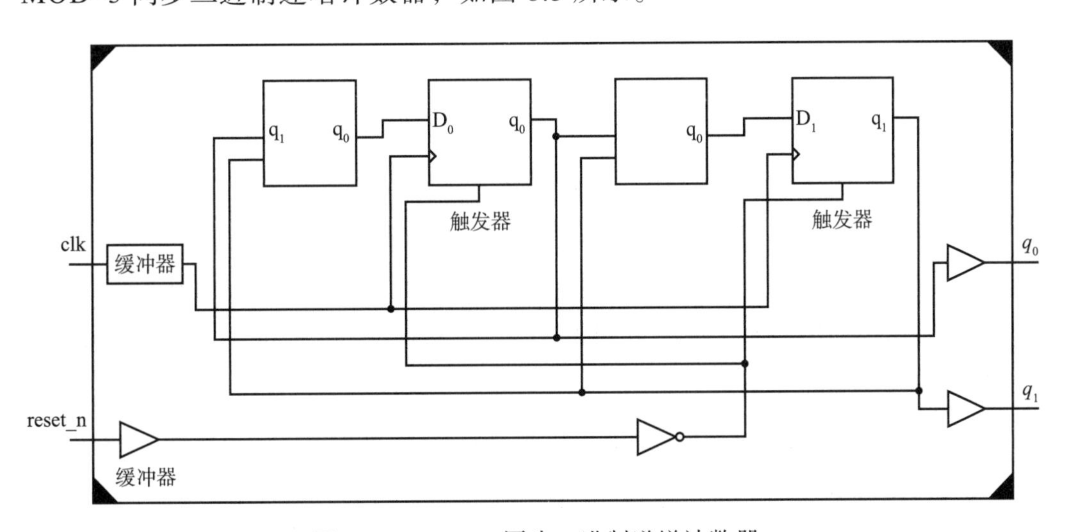

图 8.3 MOD-3 同步二进制递增计数器

MOD–3同步二进制递增计数器的时序如图8.4所示，该计数器有三种状态：s_0、s_1 和 s_2，计数器的输出为00、01和10。如果我们用 q_1 来产生输出，那么在两个时钟周期内输出为逻辑0，一个时钟周期内输出为逻辑1。最高位寄存器的输出在三个时钟周期内只有一个周期有效，这就是我们想实现的MOD–3计数器。

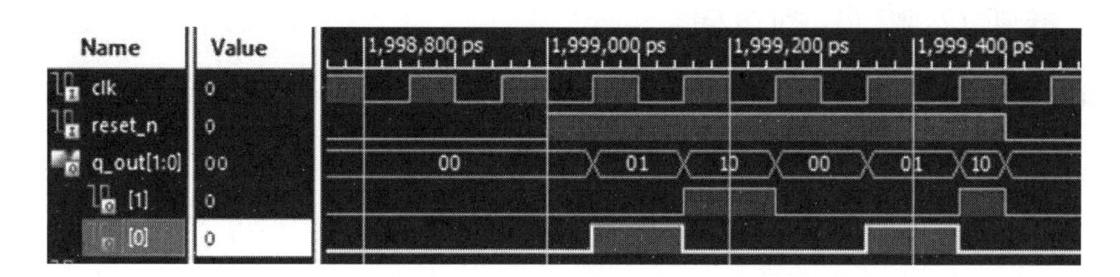

图 8.4 MOD–3同步二进制递增计数器的时序图

高位输出的占空比由下式给出：

$$\text{Duty cycle} = \frac{T_{\text{on}}}{T_{\text{on}} + T_{\text{off}}} = \frac{1}{1+2} = \frac{1}{3} = 0.3333 = 33.33\%$$

其中，T_{on} 为开启周期时间段；T_{off} 为关闭周期时间段；输出时钟周期 $T = T_{\text{on}} + T_{\text{off}}$。

8.2 占空比为50%的MOD–3计数器的设计

正如上一节所讨论的方案，对于该版本的MOD–3计数器来说，其输出的占空比为33.33%，输出在一个时钟周期内为逻辑1，在两个时钟周期内为逻辑0。但是在实际设计中不建议使用这种时钟。对于大多数的同步设计，建议使用占空比为50%的时钟，即 $T_{\text{on}} = T_{\text{off}}$ 的时钟。

因此，8.1节中讨论的设计应该通过使用额外的逻辑来进行调整。对于MOD–3计数器的三个“半周期”长度，输出应该有逻辑0，而对于其余三个“半周期”长度，输出应该有逻辑1。因此，为了获得50%的占空比，我们使用以下策略：

（1）按照8.1节的讨论，使用正边沿敏感的D触发器设计MOD–3计数器。

（2）得到输出 q_1，其占空比为33.33%。

（3）在时钟的负边沿使用负边沿敏感的D触发器对 q_1 进行采样。

（4）使用 OR 门来获得 50% 占空比的输出：$q_{out}=\mathrm{OR}(q_1, q_{1\_n})$。

（5）画出原理图并观察其波形。

MOD-3 同步二进制递增计数器的电路图如图 8.5 所示，该计数器有三种状态 s_0、s_1 和 s_2，计数器的输出为 00、01 和 10。如果我们用 q_1 来产生输出，那么 1.5 个时钟周期的输出为 0，1.5 个时钟周期的输出为 1，因此 MOD-3 同步二进制计数器的占空比为 50%。

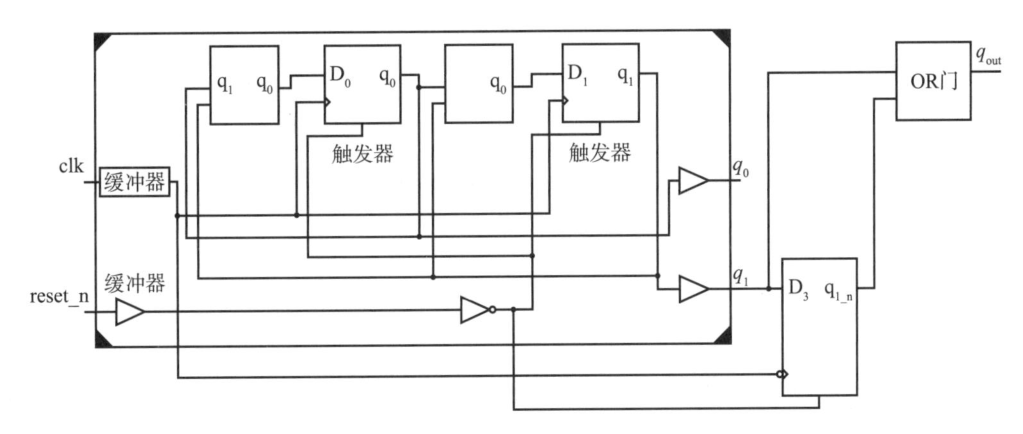

图 8.5 占空比为 50% 的 MOD-3 同步二进制递增计数器

高位寄存器输出的占空比由下式给出：

$$\text{Duty cycle}=\frac{T_{\text{on}}}{T_{\text{on}}+T_{\text{off}}}=\frac{1.5}{1.5+1.5}=\frac{1}{2}=0.5=50\%$$

其中，T_{on} 为开启周期时间段，是三个“半周期”长度的时间；T_{off} 为关闭周期时间段，是三个“半周期”长度的时间；输出时钟周期 $T=T_{\text{on}}+T_{\text{off}}$。

通过这种方式设计的占空比为 50% 的 MOD-3 同步二进制递增计数器的时序如图 8.6 所示。

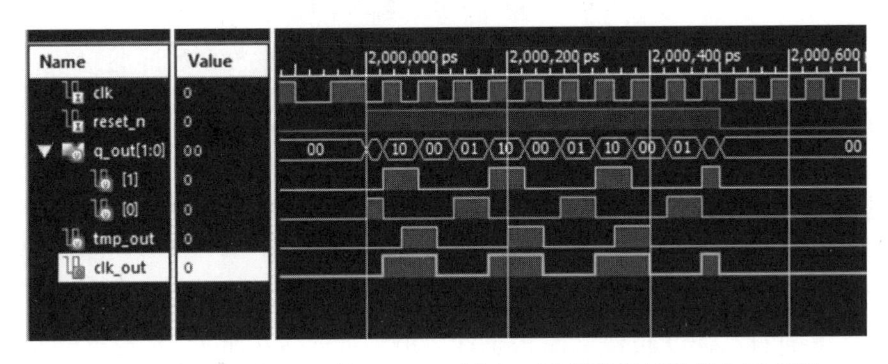

图 8.6 占空比为 50% 的 MOD-3 同步二进制递增计数器的时序图

8.3 计数器的应用

大多数情况下，我们在系统设计中使用同步计数器来获得所需的输出频率。计数器是分频器网络，被用于产生一个除以 n 的输出。例如，MOD-16 计数器有 s_0 ~ s_{15} 16 种状态，用来获得除以 16 的输出。如果输入时钟为 160MHz，那么 MOD-16 计数器的输出为 10MHz。

我们可以使用第 7 章中介绍的技术来设计 MOD-n 同步递增或递减的计数器。在实际情况中，我们需要有几个能在计数到 8、4、2、1 或 0、8、12、14、15、7、3、1、0……时产生高电平输出的计数器。

它们是特殊的计数器，可以通过观察输出模式进行设计，本节将介绍这类计数器的设计。

8.3.1 环形计数器

顾名思义，环形计数器产生的输出序列为 8、4、2、1、8、4……，使用状态表可以非常快速地设计该计数器。环形计数器的设计步骤如下：

1. 找到计数的最大值

要使计数器的输出为 8、4、2、1，最大计数值为 8。

2. 使用最大计数计算所需的触发器数量

在二进制中，8 被表示为 1000，因此，所需的触发器的数量为 4。

3. 记录状态表条目

该计数器有四种状态，其条目记录在表 8.3 中。

表 8.3 四位环形计数器状态表

当前状态（$q_3q_2q_1q_0$）	下一状态（$q_3^+q_2^+q_1^+q_0^+$）
1000	0100
0100	0010
0010	0001
0001	1000

4. 记录触发器的激励输入

记录激励输入，以获得下一状态计数值，如表 8.4 所示。

表 8.4 四位环形计数器激励表

当前状态（$q_3q_2q_1q_0$）	下一状态（$q_3^+q_2^+q_1^+q_0^+$）	激励输入（$D_3D_2D_1D_0$）
1000	0100	0100
0100	0010	0010
0010	0001	0001
0001	1000	1000

5. 布尔方程

观察当前状态和下一状态，以获得所需的值作为对触发器的数据输入的激励。如表 8.5 所示，当前状态和下一状态之间的改变发生在时钟的上升沿，上升沿到来时，环形计数器的输出移位 1 位。

表 8.5 推导表达式的激励表

当前状态（$q_3q_2q_1q_0$）	下一状态（$q_3^+q_2^+q_1^+q_0^+$）	激励输入（$D_3D_2D_1D_0$）
1000	0100	0100
0100	0010	0010
0010	0001	0001
0001	1000	1000

因此，利用这一点我们可以得到 D_3、D_2、D_1、D_0 的布尔方程：

$$D_3 = Q_0$$
$$D_2 = Q_3$$
$$D_1 = Q_2$$
$$D_0 = Q_1$$

6. 简述一下逻辑

4 位环形计数器的设计如图 8.7 所示。

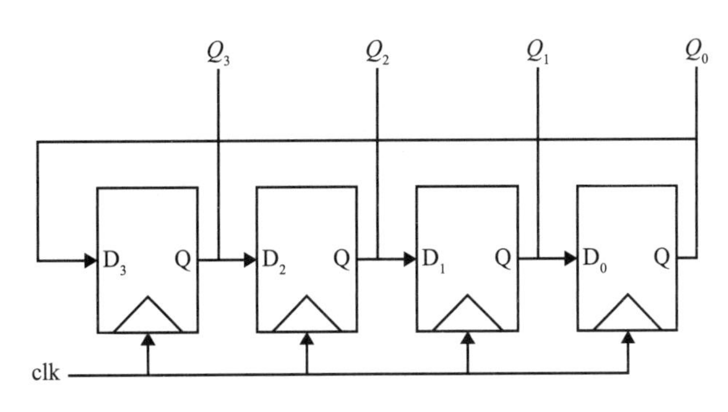

图 8.7 四位环形计数器设计

8.3.2 约翰逊计数器

约翰逊计数器是扭环形计数器，用于生成输出序列为0、8、12、14、15、7、3、1、0……，使用状态表可以非常快速地设计该计数器。

约翰逊计数器的设计步骤如下：

1. 找到计数器的最大值

要使计数器的输出为0、8、12、14、15、7、3、1、0等，最大计数值为15。

2. 使用最大计数计算所需的触发器数量

在二进制中，15被表示为1111，因此，所需的触发器的数量为4。

3. 记录状态表条目

该计数器有八种状态，其条目记录在表8.6中。

表8.6 4位约翰逊计数器状态表

当前状态（$q_3q_2q_1q_0$）	下一状态（$q_3^+q_2^+q_1^+q_0^+$）
0000	1000
1000	1100
1100	1110
1110	1111
1111	0111
0111	0011
0011	0001
0001	0000

4. 记录触发器的激励输入

记录激励输入，以获得下一状态计数值，如表8.7所示。

表8.7 约翰逊计数器激励表

当前状态（$q_3q_2q_1q_0$）	下一状态（$q_3^+q_2^+q_1^+q_0^+$）	激励输入（$D_3D_2D_1D_0$）
0000	1000	1000
1000	1100	1100
1100	1110	1110
1110	1111	1111
1111	0111	0111
0111	0011	0011
0011	0001	0001
0001	0000	0000

5. 布尔方程

观察当前状态和下一状态，以获得触发器的数据输入所需的激励值。如表 8.8 所示，当前状态和下一状态之间的改变发生在时钟的上升沿，约翰逊计数器的输出移位 1 位，计数器的最高位是最低位输出的非。

表 8.8 推导表达式的激励表

当前状态（$q_3q_2q_1q_0$）	下一状态（$q_3^+q_2^+q_1^+q_0^+$）	激励输入（$D_3D_2D_1D_0$）
0000	1000	1000
1000	1100	1100
1100	1110	1110
1110	1111	1111
1111	0111	0111
0111	0011	0011
0011	0001	0001
0001	0000	0000

因此，利用这一点我们可以得到 D_3、D_2、D_1、D_0 的布尔方程：

$$D_3 = \overline{Q_0}$$
$$D_2 = Q_3$$
$$D_1 = Q_2$$
$$D_0 = Q_1$$

6. 简述一下逻辑

使用四个触发器设计的约翰逊计数器如图 8.8 所示。

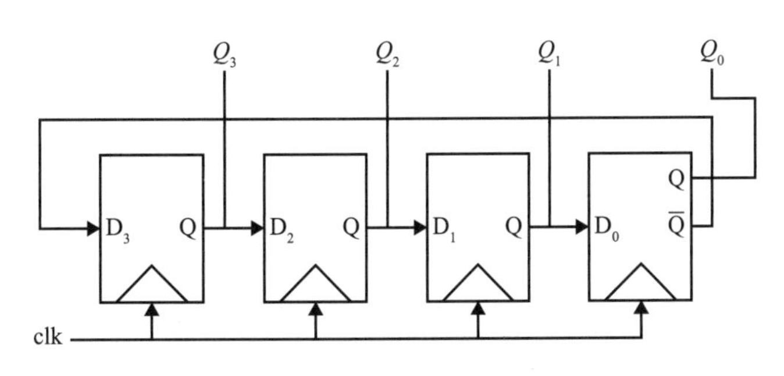

图 8.8 4 位约翰逊计数器设计

8.4 例 题

使用所学的基本原理和设计技术完成以下练习。

【**例题 1**】找到图 8.9 的输出序列。

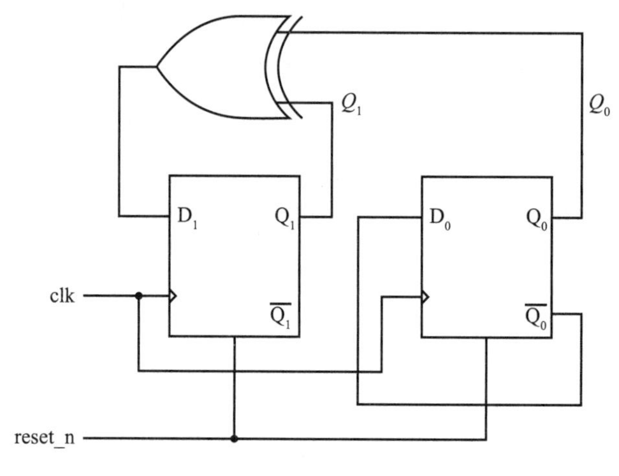

图 8.9 时序设计（1）

解答过程：在 reset_n = 0 期间，计数器的输出 $Q_1Q_0 = 00$，我们将 Q_1^+ 和 Q_0^+ 作为下一状态，记录在表 8.9 中，以获得输出序列。

表 8.9 时序设计（1）的时序表

clk	Q_1	Q_0	$D_1 = Q_1 \oplus Q_0$	$D_0 = \overline{Q_0}$	Q_1^+	Q_0^+
1	0	0	0	1	0	1
2	0	1	1	0	1	0
3	1	0	1	1	1	1
4	1	1	0	0	0	0

如表 8.9 所示，Q_1Q_0 处的序列是 00、01、10、11、00 等，该设计为 MOD-4 同步二进制递增计数器。

【**例题 2**】找到图 8.10 所示设计对应的输出序列。

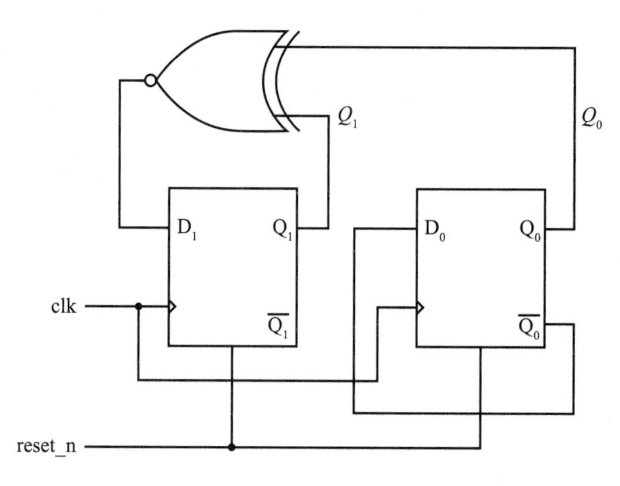

图 8.10 时序设计（2）

解答过程：在 reset_n = 0 期间，计数器的输出 $Q_1Q_0 = 00$。我们将 Q_1^+ 和 Q_0^+ 作为下一状态，记录在表 8.10 中，以获得输出序列。

如表 8.10 所示，Q_1Q_0 处的序列是 11、10、01、00、11 等，该设计为 MOD-4 同步二进制递减计数器。

表 8.10 时序设计（2）的时序表

clk	Q_1	Q_0	$D_3=\overline{Q_1 \oplus Q_0}$	$D_0=\overline{Q_0}$	Q_1^+	Q_0^+
1	0	0	1	1	1	1
2	1	1	1	0	1	0
3	1	0	0	1	0	1
4	0	1	0	0	0	0

【例题 3】假设 clk 频率为 100MHz，求输出端 Q_3、Q_2、Q_1、Q_0 的频率。

解答过程：如图 8.11 所示，该设计是异步的，最低位翻转触发器接收时钟（clk）。该触发器的输出值在 $T = 1$ 时翻转，并产生一个除以 2 的 clk 输出。

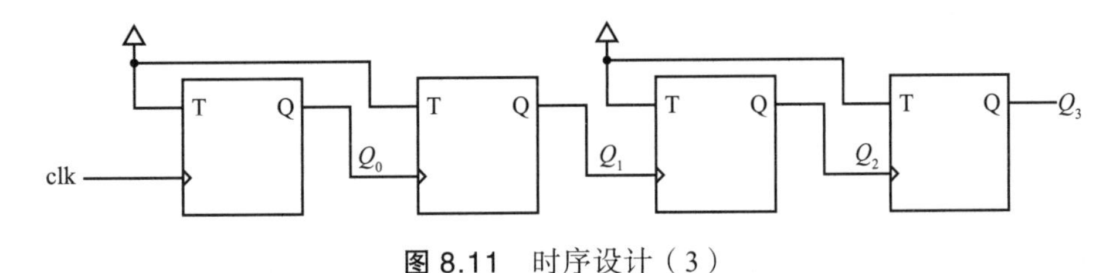

图 8.11 时序设计（3）

由于低位触发器的输出被用作高位触发器的时钟输入，因此每个触发器的输出被两个时序电路器件分隔。

每个触发器输出端的频率为

$$Q_{0f} = \frac{f_{clk}}{2} = \frac{100\text{MHz}}{2} = 50\text{MHz}$$

$$Q_{1f} = \frac{f_{clk}}{4} = \frac{100\text{MHz}}{4} = 25\text{MHz}$$

$$Q_{2f} = \frac{f_{clk}}{8} = \frac{100\text{MHz}}{8} = 12.50\text{MHz}$$

$$Q_{3f} = \frac{f_{clk}}{16} = \frac{100\text{MHz}}{16} = 6.25\text{MHz}$$

【例题 4】考虑图 8.12 所示的电路，在复位条件下，输出 $Q_3Q_2Q_1Q_0 = 1000$，求第 1024 个时钟时的输出。

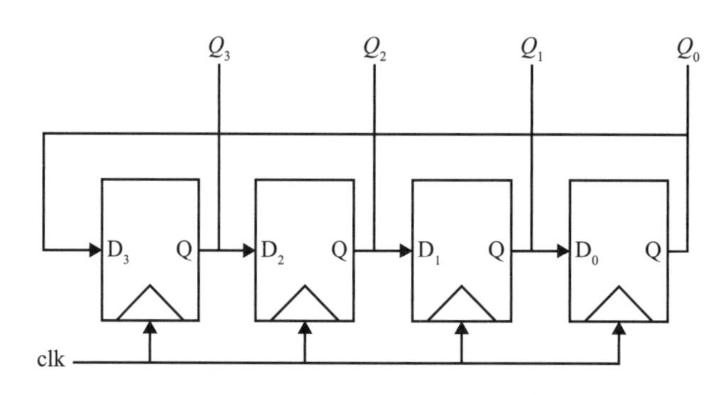

图 8.12 时序设计（4）

解答过程：如图 8.12 所示，本设计为 4 位同步环形计数器。该设计使用移位器，输出 Q_0 反馈给 D_3。因此，我们创建一个状态表（表 8.11），以便获得第 1024 个时钟时的输出（假设当前状态是 $Q_3Q_2Q_1Q_0$，下一状态是 $Q_3^+Q_2^+Q_1^+Q_0^+$）。

表 8.11 4 位同步环形计数器的真值表

clk	Q_3	Q_2	Q_1	Q_0	Q_3^+	Q_2^+	Q_1^+	Q_0^+
0	1	0	0	0	0	1	0	0
1	0	1	0	0	0	0	1	0
2	0	0	1	0	0	0	0	1
3	0	0	0	1	1	0	0	0

如表 8.11 所示，第 4 个时钟时的输出为 1000，所以第 1024 个时钟时，输出 $Q_3Q_2Q_1Q_0 = 1000$。

【例题 5】考虑图 8.13 所示的设计，在复位条件下，输出 $Q_1Q_0 = 00$，求第 4 个时钟的输出。

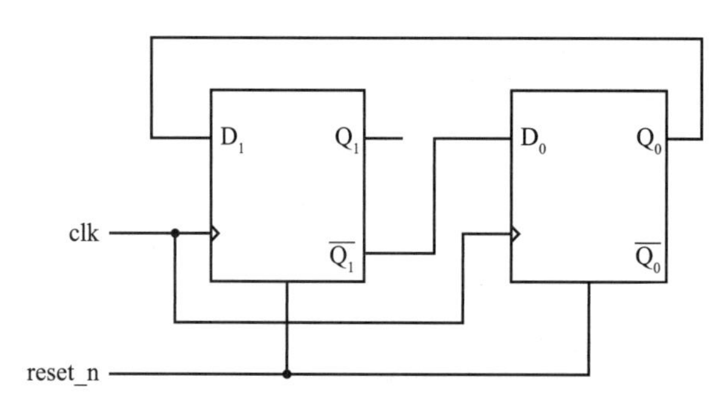

图 8.13 时序设计（5）

解答过程：如图 8.13 所示，该设计是同步电路，因此，我们创建一个状态表（表 8.12），以便获得第 4 个时钟脉冲时的输出（假设当前状态为 Q_1Q_0，下一状态为 $Q_1^+Q_0^+$）。

表 8.12 时序设计（5）的时序表

clk	Q_1	Q_0	$D_1=Q_0$	$D_0=\overline{Q_1}$	Q_1^+	Q_0^+
0	0	0	0	1	0	1
1	0	1	1	1	1	1
2	1	1	1	0	1	0
3	1	0	0	0	0	0

如表 8.12 所示，该设计是 2 位同步格雷码计数器，在第 4 个时钟到来时输出 00。

【例题 6】考虑图 8.14 所示的电路，在复位条件下，输出 $Q_3Q_2Q_1Q_0=$ 0000，求第 10 个时钟到来时的输出。

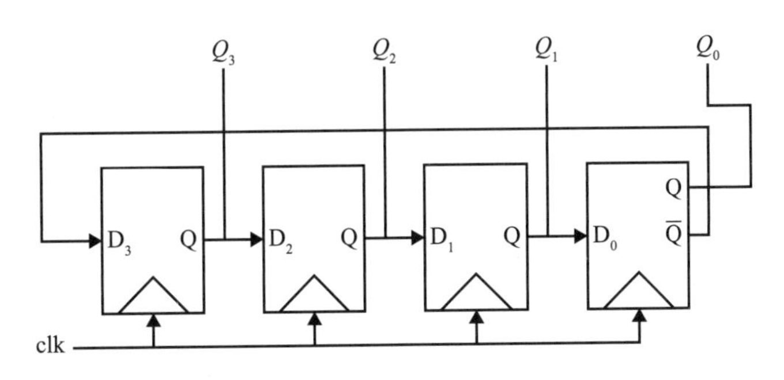

图 8.14 时序设计（6）

解答过程：如图 8.12 所示，本设计为 4 位同步约翰逊计数器。该设计使用移位器，输出 Q_0 反馈给 D_3，因此，我们创建一个状态表（表 8.13），以便获得第 10 个时钟到来时的输出（假设当前状态是 $Q_3Q_2Q_1Q_0$，下一状态是 $Q_3^+Q_2^+Q_1^+Q_0^+$）。

表 8.13 4 位同步约翰逊计数器的真值表

clk	Q_3	Q_2	Q_1	Q_0	Q_3^+	Q_2^+	Q_1^+	Q_0^+
0	0	0	0	0	1	0	0	0
1	1	0	0	0	1	1	0	0
2	1	1	0	0	1	1	1	0
3	1	1	1	0	1	1	1	1
4	1	1	1	1	0	1	1	1
5	0	1	1	1	0	0	1	1
6	0	0	1	1	0	0	0	1
7	0	0	0	1	0	0	0	0

如表 8.13 所示，第 8 个时钟时的输出为 0000，所以第 10 个时钟时的输出 $Q_3Q_2Q_1Q_0=1100$。

【例题 7】使用 D 触发器，设计串行输入串行输出的右移操作（假设获得输出的最大延迟为 4 个时钟周期）。

解答过程：我们创建一个状态表来设计右移操作，假设当前状态为 $Q_3Q_2Q_1Q_0$，下一状态为 $Q_3^+Q_2^+Q_1^+Q_0^+$。

如表 8.14 所示，为了得到右移操作，我们使用触发器的输入为 $D_3 = d_{in}$，$D_2 = Q_3$，$D_1 = Q_2$，$D_0 = Q_1$，并从 Q_0 得到输出 d_{out}。

表 8.14 右移操作的真值表

clk	Q_3	Q_2	Q_1	Q_0	Q_3^+	Q_2^+	Q_1^+	Q_0^+
1	0	0	0	0	d_{in}	0	0	0
2	d_{in}	0	0	0	0	d_{in}	0	0
3	0	d_{in}	0	0	0	0	d_{in}	0
4	0	0	d_{in}	0	0	0	0	d_{in}

该设计如图 8.15 所示。

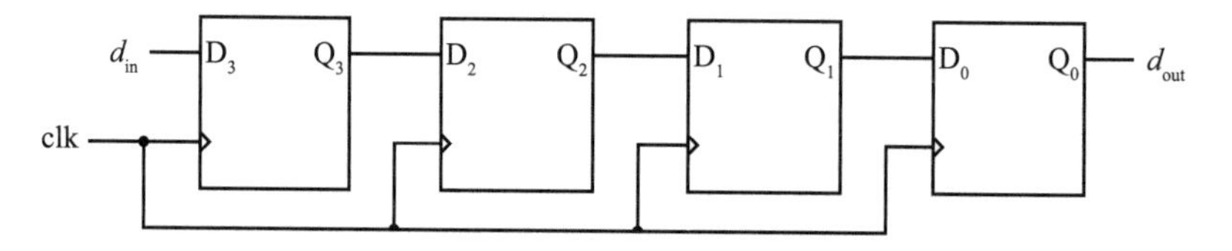

图 8.15 串行输入串行输出移位寄存器

8.5 小 结

以下是本章的几个重点：

（1）占空比 $= \dfrac{T_{on}}{T_{on} + T_{off}}$。

（2）建议设计输出的占空比为 50%。

（3）环形计数器和约翰逊计数器是特殊计数器，用于重复序列。

（4）设计中不应在同一路径中混合使用正边沿和负边沿敏感的触发器。

（5）避免使用异步计数器，实现无毛刺设计。

（6）使用移位器，我们可以设计环形计数器和约翰逊计数器。

第 9 章　FSM设计技术

对FSM设计技术的理解有助于开发基于FSM的控制器。

有限状态机（finite state machine，FSM）常用于设计控制器，例如，为了从输入中检测出1010的序列，我们可以考虑采用FSM设计。此外，我们也可以使用高效的FSM设计技术来设计任意的计数器、序列检测器和控制器。在前面的章节中，我们已经介绍组合逻辑的设计技术和时序逻辑的设计技术。在这一章我们将介绍FSM设计技术及其在数字设计中的应用。

9.1 什么是FSM?

FSM是有限状态机，用于设计控制器和序列检测器。在大多数的时序设计中，我们需要设计控制和定时单元。因此，FSM设计技术对于设计“定时设计”和“控制算法”是很有帮助的。

FSM主要分为摩尔型FSM和米利型FSM两类，下面将依次介绍摩尔型FSM和米利型FSM在设计中的应用。

9.1.1 摩尔型FSM

在摩尔型FSM中，输出只根据当前状态决定。由于输出是当前状态的函数，所以它在一个时钟周期内是稳定的，状态的转换发生在时钟的有效边沿。

摩尔型FSM有以下三个功能块：

（1）状态寄存器的跳变。

（2）下一状态逻辑的产生。

（3）输出逻辑的生成。

状态寄存器的跳变是时序逻辑，下一状态逻辑的产生和输出逻辑的生成是组合逻辑。

图9.1显示了摩尔型FSM的框图。

如图9.1所示，摩尔型FSM有三个功能块，我们的目标是设计这些功能块对应的数字逻辑。

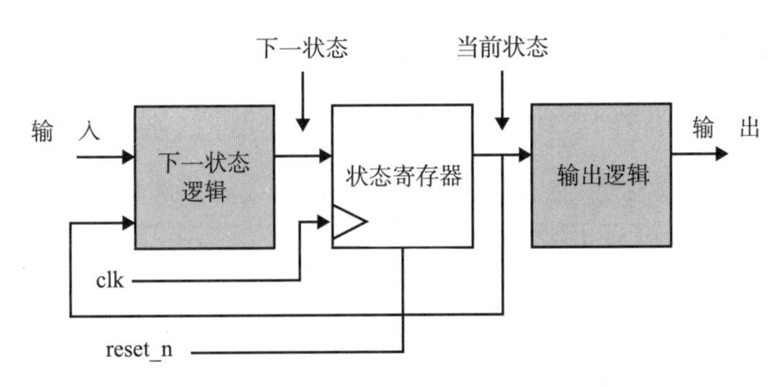

图 9.1 摩尔型状态机的框图

9.1.2 米利型FSM

在米利型 FSM 中，输出由“当前状态”和“输入”共同决定。由于输出是当前状态和当前输入的函数，所以它在一个时钟周期内可能稳定也可能不稳定。米利型 FSM 的状态转换也发生在时钟的有效边沿。与摩尔型 FSM 相比，米利型 FSM 很容易出现突变。

米利型 FSM 有以下三个功能块：

（1）状态寄存器的跳变。

（2）下一状态的逻辑的产生。

（3）输出逻辑的生成。

状态寄存器的跳变是时序逻辑，下一状态的产生和输出逻辑的生成是组合逻辑。

图 9.2 显示了米利型 FSM 的框图。

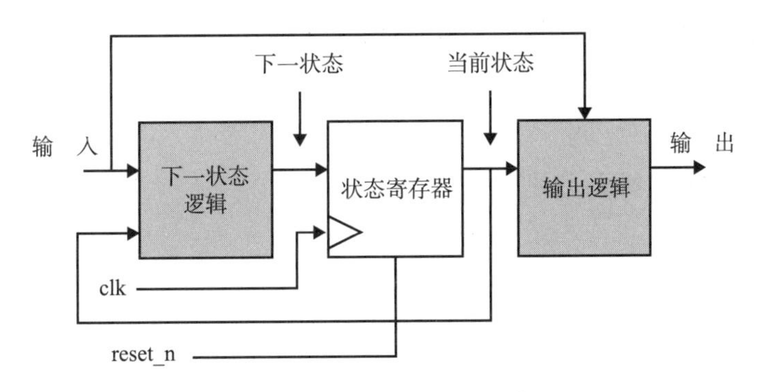

图 9.2 米利型 FSM 的方框图

如图 9.2 所示，米利型 FSM 有三个功能块，我们的目标是设计这些功能块的数字逻辑。

9.1.3 摩尔型FSM与米利型FSM的关系

表 9.1 记录了摩尔型 FSM 与米利型 FSM 之间的区别。

表 9.1 摩尔型 FSM 和米利型 FSM 的区别

摩尔型 FSM	米利型 FSM
输出仅是当前状态的函数	输出是当前状态和目前输入的函数
输出在一个时钟周期内是稳定的，摩尔型 FSM 不容易出现突变或毛刺	输出可能根据输入的变化而多次变化，在一个时钟周期内可能稳定也可能不稳定，因此，米利型 FSM 很容易出现故障
与米利型 FSM 相比，摩尔型 FSM 需要更多的状态	与摩尔型 FSM 相比，米利型 FSM 需要的状态更少
与米利型 FSM 相比，摩尔型 FSM 有着更高的频率	与摩尔型 FSM 相比，米利型 FSM 的工作频率较低

9.2 状态编码方法

对于 FSM 设计，我们应该了解状态编码。在基于 FSM 的设计中，有二进制码、格雷码和独热码三种类型。

9.2.1 二进制码

在二进制码中，所需触发器的数量可通过下式计算得到：

$$n = \log_2 m$$

式中，n 为触发器的数量；m 是状态的数量。

假设状态的数量为 4，那么，设计 FSM 所需的触发器数量为

$$n = \log_2 4 = 2$$

二进制码的四种状态分别为

$$s_0 = 00$$
$$s_1 = 01$$
$$s_2 = 10$$
$$s_3 = 11$$

9.2.2 格雷码

在格雷码中，所需触发器的数量可通过下式计算得到：

$$n = \log_2 m$$

式中，n 为触发器的数量；m 为状态的数量。

假设状态的数量为 4，那么，设计 FSM 所需的触发器数量为

$$n = \log_2 4 = 2$$

格雷码的四种状态分别为

$$s_0 = 00$$
$$s_1 = 01$$
$$s_2 = 11$$
$$s_3 = 10$$

格雷码在 FSM 设计中很有用，因为在两个连续的格雷码中只有一个位的变化，因此格雷码可以节省功耗。

9.2.3 独热码

在独热码中，所需触发器的数量可通过下式计算得到：

$$n = m$$

其中，n 为触发器的数量；m 为状态的数量。

在独热码中，每次只有 1 位是高电平。

假设状态的数量为 4，那么，设计 FSM 所需的触发器数量为

$$n = m = 4$$

独热码的四种状态表示为

$$s_0 = 0001$$
$$s_1 = 0010$$
$$s_2 = 0100$$
$$s_3 = 1000$$

如果面积不受限制，独热码在 FSM 设计中是有用的，这是因为使用独热码可以获得更好的时序。

9.3 摩尔型FSM设计

现在，我们使用给定的规格设计 FSM。我们需要做的是设计数字逻辑，以满足：

（1）状态寄存器的跳变。

（2）下一状态的逻辑的产生。

（3）输出逻辑的生成。

我们考虑设计一个时序电路来获得输出 data_out，当 data_in = 1 时，输出数据是输入时钟频率除以 2。我们可以使用以下设计步骤来设计摩尔型 FSM：

1. 找到时钟二分频对应输出的状态数

状态数为 2，状态是 s_0 和 s_1。

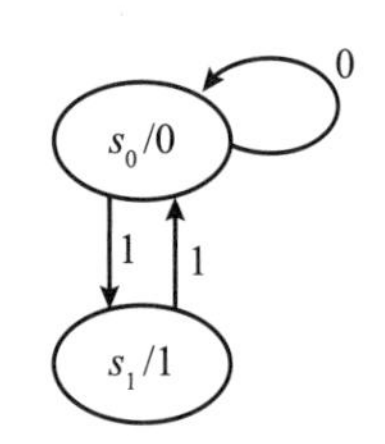

图 9.3 翻转触发器的摩尔型 FSM 状态跳变图

2. 状态转换图

只有当 data_in = 1 时才发生状态转换，如图 9.3 所示。

3. 计算寄存器的数量

使用二进制码，触发器的数量 $n = \log_2 2 = 1$。我们将使用上升沿敏感的 D 触发器。

4. 复位策略

使用低电平的异步复位输入 reset_n。对于 reset_n = 0，计数器的输出是逻辑 0；对于 reset_n = 1，输出在时钟的上升沿进行切换。

5. 记录状态表中的条目，以获得状态寄存器的逻辑

MOD-2 同步计数器的状态如表 9.2 所示。

表 9.2 MOD-2 同步计数器的状态表

启用（data_in）	当前状态（q_0）	下一状态（q_0^+）
1	s_0	s_1
1	s_1	s_0
0	s_0	s_0
0	s_1	s_1

因此，我们需要一个有着低电平复位端口 reset_n 和高电平使能端口 data_in 的 D 触发器。

6. 使用激励表设计下一状态逻辑

激励表由当前状态、下一状态和激励输入组成，如表 9.3 所示。

表 9.3 MOD-2 同步计数器的激励表

使能（data_in）	当前状态（q_0）	下一状态（q_0^+）	激励输入（D_0）
1	$s_0=0$	$s_1=1$	1
1	$s_1=1$	$s_0=0$	0
0	$s_0=0$	$s_0=0$	0
0	$s_1=1$	$s_1=1$	0

现在，我们用图 9.4 所示的卡诺图来推导下一状态的布尔方程：

$$q_0^+=\text{data\_in}\cdot\overline{q_0}$$

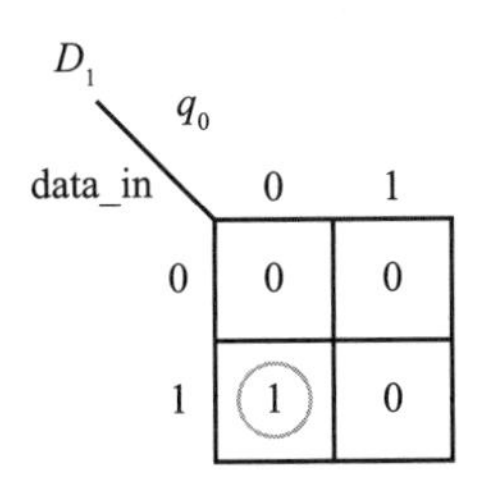

图 9.4 下一状态逻辑的卡诺图

7. 输出逻辑

在摩尔型 FSM 中，输出只由当前状态决定。对于这种设计，不需要输出逻辑（表 9.4）。

表 9.4 输出逻辑的真值表

使能（data_in）	当前状态（q_0）	输出（data_out）
1	$s_0=0$	$s_0=0$
1	$s_1=1$	$s_1=1$
0	$s_0=0$	$s_0=0$
0	$s_1=1$	$s_1=1$

8. 简述 FSM 的设计

正如前面所讨论的那样，我们用触发器和逻辑门来实现 MOD-2 同步计数器（二分频计数器）。如图 9.5 所示，状态寄存器使用 data_in = 1 作为高电平使能；在 data_in = 0 时，寄存器的输出与当前状态相同。

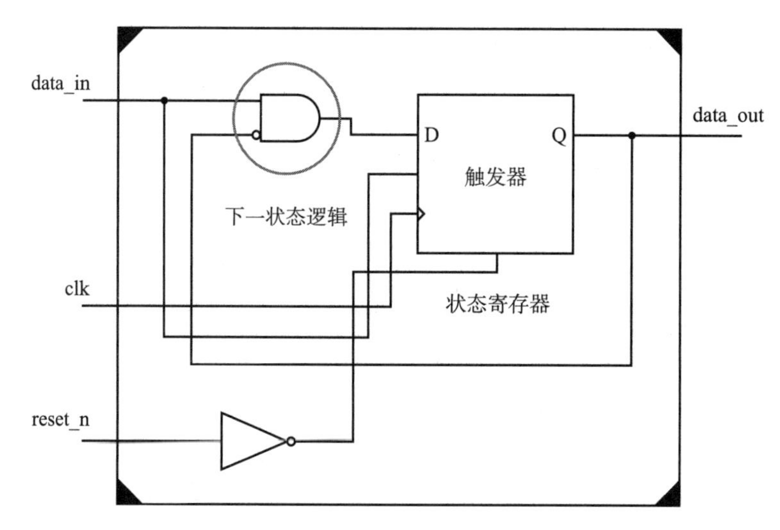

图 9.5 高电平有效的 MOD-2 同步计数器

9.4 米利型FSM设计

下面，我们考虑设计一个时序电路来获得输出 data_out，当 data_in = 1 时，输出 data_out 是输入时钟频率除以 2。我们可以按照以下步骤来设计米利型 FSM：

1. 找到时钟二分频对应输出的状态数

状态数为 2，状态是 s_0 和 s_1。

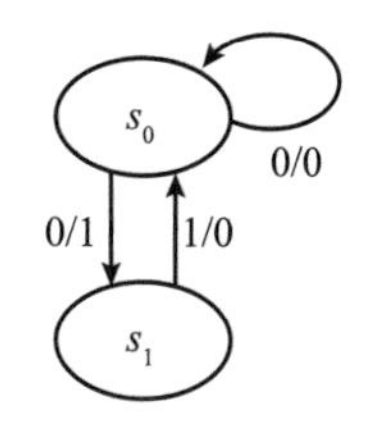

图 9.6 翻转触发器的米利型 FSM 设计

2. 状态转换图

只有当 data_in = 1 时才发生状态转换，如图 9.6 所示。

3. 计算触发器的数量

使用二进制码，触发器的数量 $n = \log_2 2 = 1$，我们将使用上升沿敏感的 D 触发器。

4. 复位策略

我们选择低电平有效的异步复位输入 reset_n。对于 reset_n = 0，计数器的输出为逻辑 0；对于 reset_n = 1，输出在时钟的上升沿递增。

5. 记录状态表中的条目，以获得状态寄存器逻辑

MOD-2 同步计数器的状态如表 9.5 所示。

表 9.5 MOD-2 同步计数器的状态表

使能（data_in）	当前状态（q_0）	下一状态（q_0^+）
1	s_0	s_1
1	s_1	s_0
0	s_0	s_0
0	s_1	s_1

因此，我们需要一个具有“异步低电平复位”输入端口 reset_n 和“高电平有效”端口 data_in 的 D 触发器。

6. 使用激励表设计下一状态逻辑

激励表由当前状态、下一状态和激励输入组成，如表 9.6 所示。

表 9.6 MOD-2 同步计数器的激励表

使能（data_in）	当前状态（q_0）	下一状态（q_0^+）	激励输入（D_0）
1	$s_0=0$	$s_1=1$	1
1	$s_1=1$	$s_0=0$	0
0	$s_0=0$	$s_0=0$	0
0	$s_1=1$	$s_1=1$	0

现在，我们使用图 9.7 所示的卡诺图来推导下一状态逻辑的布尔方程：

$$q_0^+ = \text{data\_in} \cdot \overline{q_0}$$

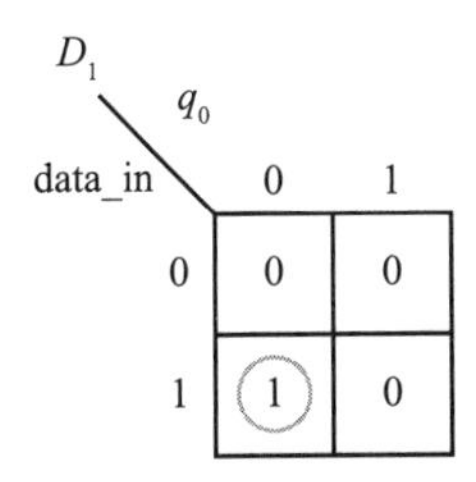

图 9.7 下一状态逻辑的卡诺图

7. 输出逻辑

在米利型 FSM 中，输出由当前状态和输入共同决定，如表 9.7 所示。

表 9.7 输出逻辑的真值表

使能（data_in）	当前状态（q_0）	输出（data_out）
1	$s_0=0$	0
1	$s_1=1$	1
0	$s_0=0$	0
0	$s_1=1$	0

现在，我们使用图 9.8 所示的卡诺图来推导输出逻辑的布尔表达式：

$$\text{data\_out} = \text{data\_in} \cdot \overline{q_0}$$

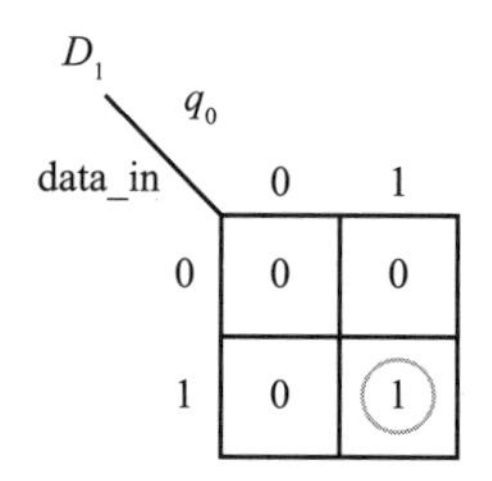

图 9.8 输出逻辑的卡诺图

因此，我们需要有 AND 门作为一个输出逻辑。

8. 简述 FSM 的设计

正如前面所讨论的那样，我们用触发器和逻辑门来实现 MOD-2 同步计数器。如图 9.9 所示，状态寄存器使用 data_in = 1 作为高电平使能；在 data_in = 0 时，寄存器的输出与当前状态相同。

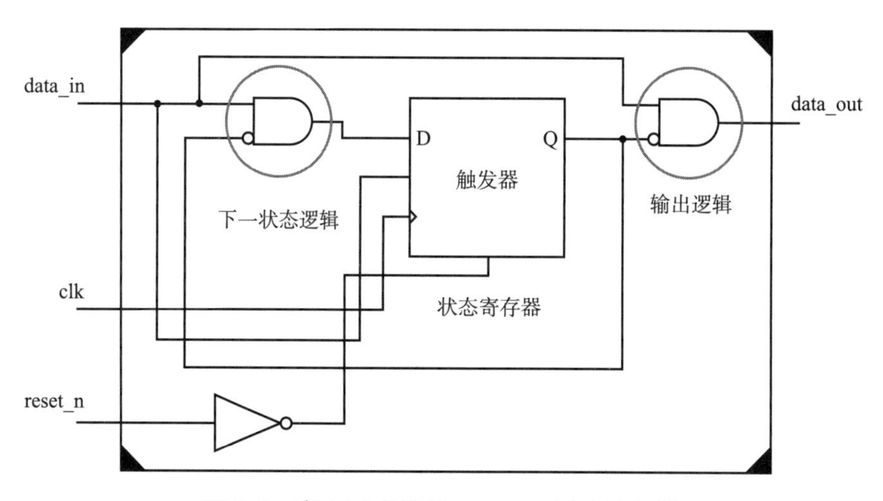

图 9.9 高电平有效的 MOD-2 同步计数器

9.5 应用和策略

FSM 设计对于设计时序逻辑是很有帮助的，可以优化出更好的数据路径和控制路径。以下是 FSM 设计的一些应用和策略：

（1）基于 FSM 的设计方法被用来设计任意数值的计数器或随机计数器。

（2）FSM 在设计高密度计数电路时，可以使电路拥有更好的分区，也可以提高电路的面积特性和频率特性。

（3）FSM 被用来从输入数据中检测序列。

（4）逻辑设计者的目标是设计无毛刺的 FSM。

（5）基于 FSM 的控制器应该尽可能地将数据路径和控制路径区分开，以获得更好的面积和频率。

（6）为了在设计 FSM 时优化面积，尽量有策略地消除不需要或未使用的状态。

（7）使用格雷码来进行 FSM 的功耗优化。

（8）如果面积不是一个限制因素，那么为了获得更好的时序特性，设计人员可以使用独热码。

9.6 例 题

使用前几节中介绍的技术完成以下练习。

【例题 1】画出摩尔型 FSM 状态转换图，检测重叠序列 101。

解答过程：摩尔型 FSM 的输出仅由当前状态决定，检测到序列 101 时输出为 1。假设默认状态为 s_0，输出为 0，则状态转换应该如下所示：

（1）如果输入为 1，则 $s_0 \to s_1$；如果输入为 0，则处于 s_0 状态。

（2）如果下一个输入为 0，则 $s_1 \to s_2$；如果输入为 1，则在状态 s_1 中循环。

（3）如果下一个输入为 1，则 $s_2 \to s_3$，输出为 1；如果输入为 0，则 $s_2 \to s_0$。

（4）如果接下来的输入又是 0，那么 $s_3 \to s_2$；如果输入是 1，则 $s_3 \to s_1$。

状态转换图如图 9.10 所示。

【例题 2】画出米利型 FSM 状态转换图，检测重叠序列 101。

解答过程：米利型 FSM 的输出由“当前状态”和“当前输入”共同决定，检测到序列 101 时输出为 1。假设默认状态为 s_0，输出为 0，则状态转换如下所示：

（1）如果输入为 1，则 $s_0 \to s_1$；如果输入为 0，则处于 s_0 状态。

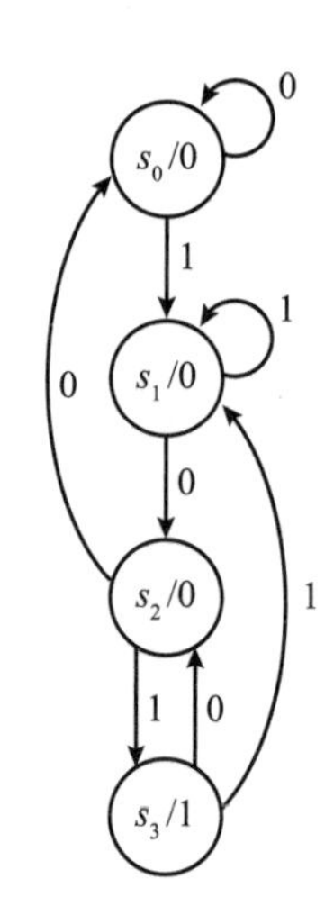

图 9.10 检测序列 101 的摩尔型 FSM 状态转换图

（2）如果下一个输入为 0，则 $s_1 \to s_2$；如果输入为 1，则在状态 s_1 中循环。

（3）如果下一个输入为 1，则 $s_2 \to s_1$，输出是 1；如果输入为 0，则 $s_2 \to s_0$。

状态转换图如图 9.11 所示。

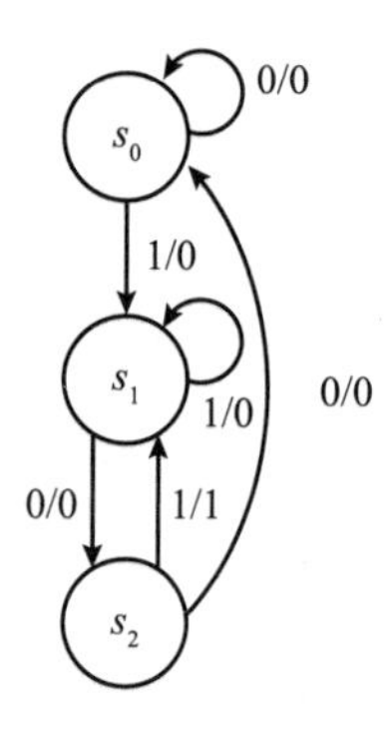

图 9.11 序列 101 的米利型 FSM 状态转换图

【例题 3】对于图 9.12 所示的状态转换图，使用独热码来记录状态，检测重叠序列 101，需要多少个触发器来实现独热码 FSM？

解答过程：对于使用独热码的 FSM 设计，触发器的数量等于状态的数量，由于是摩尔型序列检测器，所以触发器的数量为 4。

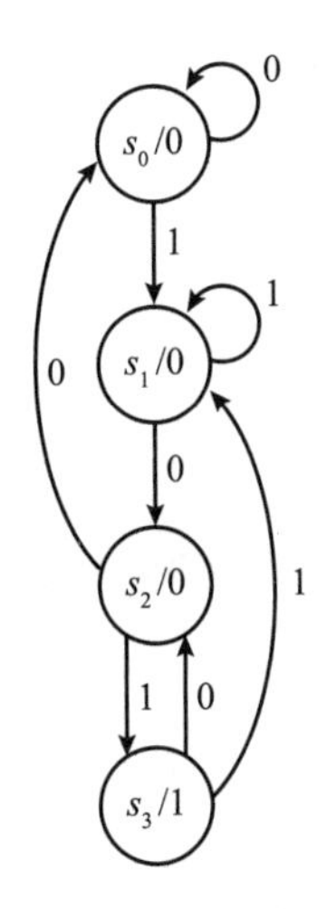

图 9.12 序列 101 检测器的摩尔型 FSM 状态转换图

使用独热码表示这些状态如下所示：

$s_0 = 0001$

$s_1 = 0010$

$s_2 = 0100$

$s_3 = 1000$

【例题 4】使用图 9.13 所示的状态转换图检测重叠序列 101，我们应该如何考虑面积和功耗的优化？

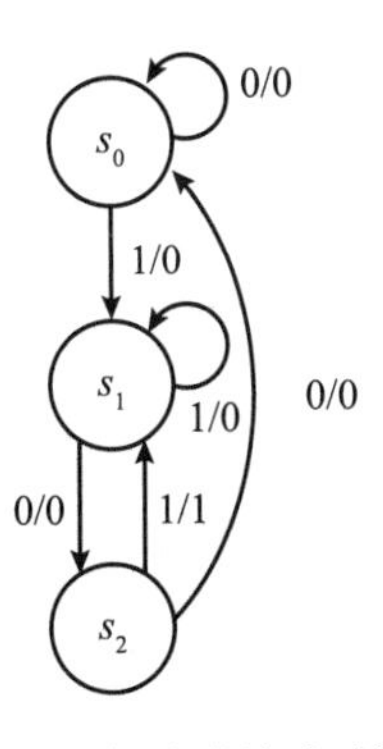

图 9.13 序列 101 检测器的米利型 FSM 状态图

解答过程：对于给定的米利型 FSM 对应的序列检测器，如果我们使用自然二进制码或格雷码，则所需触发器的数量为 2。由于在两个连续的格雷码中存在单比特的变化，因此我们可以使用格雷码来优化功耗。

使用格雷码表示这些状态如下所示：

$s_0 = 00$

$s_1 = 10$

$s_2 = 11$

因为格雷码的触发器数量 = $\log_2$ 状态数，所以与独热码相比，格雷码优化了面积。

如果状态数是 4 个，那么所需的触发器的数量是 2；如果状态数是 3 个，也需要两个触发器。

9.7 小 结

以下是本章的几个重点：

（1）在摩尔型 FSM 中，输出只由“当前状态”决定。

（2）在米利型 FSM 中，输出由“当前状态”和“当前输入”共同决定。

（3）与摩尔型 FSM 相比，米利型 FSM 需要的状态数量较少。

（4）基于 FSM 的设计方法对于设计“序列检测器”和“随机计数器”很有帮助。

（5）FSM 可以使用自然二进制码、格雷码或独热码中的一种。

（6）使用格雷码可以优化功耗。

（7）使用独热码的编码方法，可以改善时序特性，但会增加面积。

第10章　高级设计技术1

先进的数字设计技术有助于提高设计频率，也可以优化面积和功耗。

前面章节我们已经介绍了各种设计技术，本章将介绍数据路径和控制路径的设计，同时也会涉及同步时序逻辑电路的时序问题。除此以外，本章还将着重介绍各种先进的设计技术，这些技术对于提高设计频率、优化面积和改善功耗都很有帮助。你可以在架构设计和高速数字设计中使用这些技术。

10.1　设计中的不同路径

大多数的设计包含时序器件和组合器件，如果考虑处理器的逻辑，那么还会涉及 ALU、内部存储器、串行输入输出控制、中断控制、寄存器阵列、总线接口单元、控制和计时单元、时钟和复位逻辑。

如果处理器只有一个时钟域，那么这个单时钟将被用作各单元的时钟输入。

实际上，典型设计中包含：

（1）时钟路径。

（2）复位路径。

（3）数据路径和控制路径。

在设计过程中，如下几个建议非常重要：

（1）应该有更好的时钟管理方案和复位管理方案。例如，如果使用异步复位，那么应该有复位同步器来使内部的异步复位与主复位同步。

（2）时钟分配方案应该是这样的：在整个系统的时钟路径中存在着均匀的时钟偏移。

（3）不要使用多个源头来生成时钟，因为会有多时钟域问题和数据收敛的问题。

（4）如果设计中需要使用多个时钟，那么就在数据路径和控制路径中使用“同步器”。

（5）使用电平同步器将控制信号从其中一个时钟域传递到另一个时钟域。

（6）使用 FIFO 同步器在时钟域之间传递数据。

（7）设计更好的数据路径和控制路径。

10.2 数据路径和控制路径

1. 数据路径逻辑

数据路径逻辑允许使用输入数据，并根据控制输入来处理数据。设计者的主要意图是隔离密度较大的数据路径，或者在设计中加入并行性，以便根据控制输入来处理数据。

因此，设计更好的数据路径逻辑的策略是：

（1）试着理解数据处理的需求。例如，考虑 DSP 处理器对 16 位数据进行乘法运算，它产生的结果是 32 位的，如图 10.1 所示。

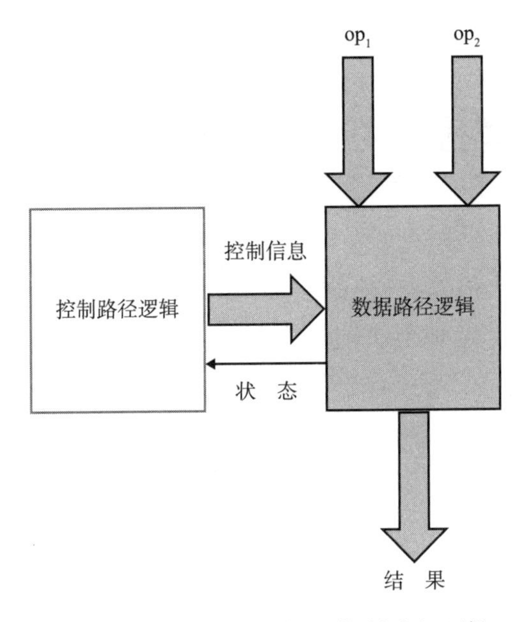

图 10.1 数据路径逻辑和控制路径逻辑

（2）使用“能在数据路径逻辑中进行乘法运算”的设计。

（3）这里的数据路径逻辑使用 16 位的输入作为 op_1 和 op_2 来产生 32 位的输出结果。

2. 控制路径逻辑

控制路径逻辑用于生成“控制信息”和“定时信息”给数据路径逻辑。控制单元也会查询握手信号的状态。握手信号用于向控制逻辑传达信息，信息是“乘法操作已经执行”，得到已执行的信息后，数据路径逻辑就可以执行另一个乘法操作。

以下是“拥有独立的控制路径逻辑”的几个重要目标：

（1）控制路径逻辑可以将“控制信息”和“定时信息”传达给数据路径逻辑。

（2）根据控制信号信息，数据路径逻辑可以执行操作，并产生状态信号作为握手信号。

（3）控制路径相关的逻辑也被用来生成数据的“控制信息”和“定时信息”。

大多数时候，我们需要有更好的“控制路径”和“数据路径”来优化设计的面积特性和时间特性。现在我们来讨论一下序列检测器及其在控制路径中作为控制逻辑的用途。

10.3 米利型序列检测器设计

我们考虑设计一个序列检测器来检测输入中的序列 101。如果输入是 1010100100101，那么预期的输出是 0010100000001。我们可以使用第 9 章中讨论的设计步骤来设计米利型序列检测器。

1. 状态转换图

当 data_in 输入 1，0，1 时发生状态转换，如图 10.2 所示。

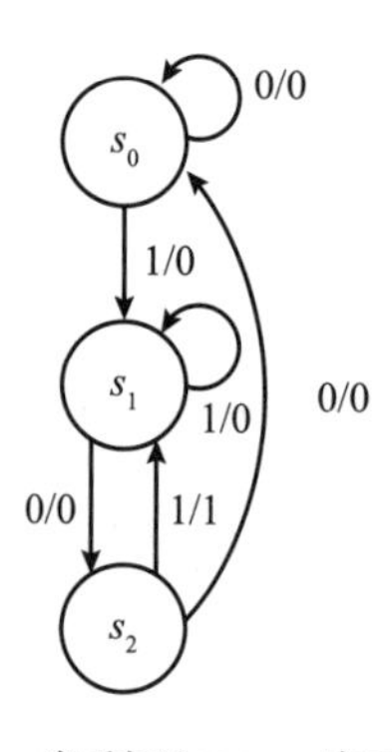

图 10.2 米利型 FSM 序列检测器

2. 找到检测该序列的状态数

状态数为 3，分别是 s_0、s_1 和 s_2。

3. 计算触发器的数量

使用二进制编码（$s_0 = 00$，$s_1 = 01$，$s_2 = 10$），触发器的数量 $n = \log_2 3$，我们将使用两个上升沿敏感的 D 触发器。

4. 复位策略

我们使用低电平有效的异步复位输入 reset_n。对于 reset_n = 0，序列检测器的输出是逻辑 0，它保持默认状态 s_0；对于 reset_n = 1，序列检测器的状态转换发生在时钟的上升沿。

5. 记录状态表中的条目，以获得状态寄存器逻辑

101 序列检测器的状态表如表 10.1 所示。

表 10.1　米利型 101 序列检测器的状态表

输入（data_in）	当前状态（q_1q_0）	下一状态（$q_1^+q_0^+$）
0	s_0	s_0
1	s_0	s_1
0	s_1	s_2
1	s_1	s_1
1	s_2	s_1
0	s_2	s_0

因此，我们需要有两个具有“异步低电平复位”输入端口 reset_n 的 D 触发器。

6. 使用激励表设计下一状态逻辑

激励表由当前状态、下一状态和激励输入组成，如表 10.2 所示。

表 10.2　101 序列检测器的激励表

输入（data_in）	当前状态（q_1q_0）	下一状态（$q_1^+q_0^+$）	激励输入（D_1D_0）
0	$s_0 = 00$	$s_0 = 00$	$s_0 = 00$
1	$s_0 = 00$	$s_1 = 01$	$s_1 = 01$
0	$s_1 = 01$	$s_2 = 10$	$s_2 = 10$
1	$s_1 = 01$	$s_1 = 01$	$s_1 = 01$
1	$s_2 = 10$	$s_1 = 01$	$s_1 = 01$
0	$s_2 = 10$	$s_0 = 00$	$s_0 = 00$

现在使用图 10.3 和图 10.4 所示的卡诺图来推导下一状态逻辑的布尔方程：

$$D_1 = \overline{\text{data\_in}} \cdot q_0$$

$$q_0^+ = D_0 = \text{data\_in}$$

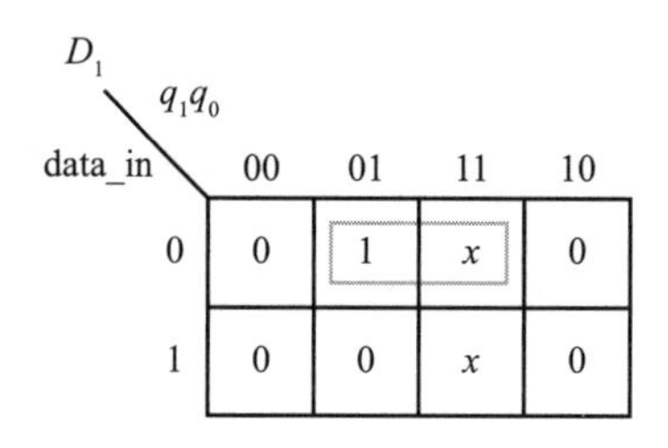

图 10.3 下一状态逻辑 D_1 的卡诺图

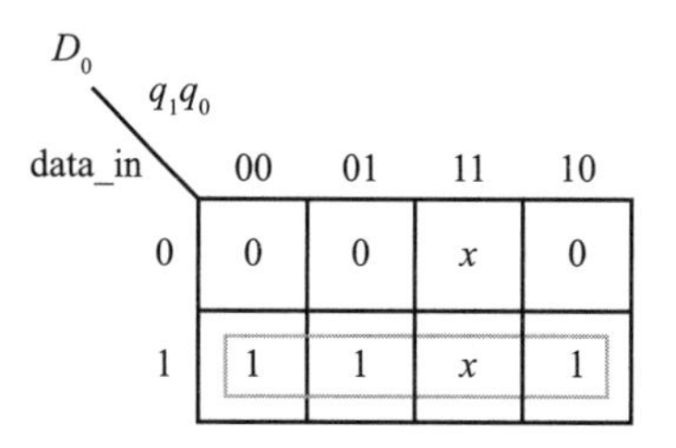

图 10.4 下一状态逻辑 D_0 的卡诺图

7. 输出逻辑

在米利型FSM序列检测器中，输出由当前状态和输入共同决定，如表 10.3 所示。

表 10.3 输出逻辑的真值表

输入（data_in）	当前状态（q_1q_0）	下一状态（$q_1^+q_0^+$）	输出（data_out）
0	$s_0 = 00$	$s_0 = 00$	0
1	$s_0 = 00$	$s_1 = 01$	0
0	$s_1 = 01$	$s_2 = 10$	0
1	$s_1 = 01$	$s_1 = 01$	0
1	$s_2 = 10$	$s_1 = 01$	1
0	$s_2 = 10$	$s_0 = 00$	0

现在我们使用图 10.5 所示的卡诺图来推导输出逻辑的布尔方程：

$$\text{data\_out} = \text{data\_in} \cdot q_1$$

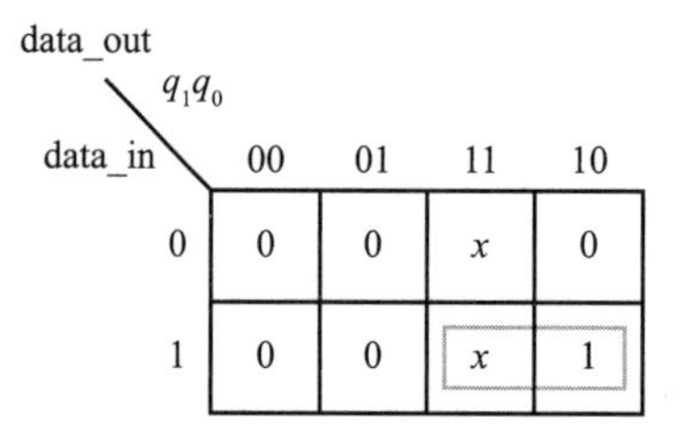

图 10.5 输出逻辑的卡诺图

所以，我们需要使用 AND 门作为输出逻辑。

8. 简述 FSM 的设计

正如前面所讨论的那样，我们需要使用两个触发器和相对应的逻辑门来实现 101 序列的检测器。在图 10.6 中，组合逻辑表示 D_1 和 D_0 的逻辑。设计者可以使用两个触发器和对应的组合逻辑来完成 FSM 控制器的设计。

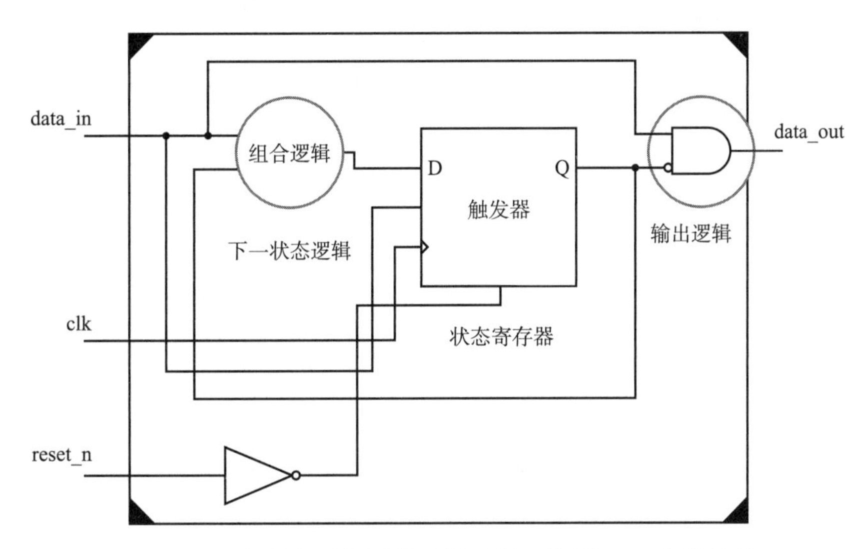

图 10.6 米利序列检测器顶层逻辑，检测 101 重复序列

下面我们用米利型 101 序列检测器作为控制路径上的逻辑电路，更详细地了解数据路径设计和控制路径设计。

10.4 数据路径和控制路径的设计技术

我们用上一节中设计的 FSM 来优化数据路径和控制路径。大多数时候，我们没有刻意地去区分数据路径和控制路径，这大大影响了设计的面积、频率和功耗。正如上一节所讨论的，如果我们有更好的策略为数据路径和控制路径设计独立的逻辑，那么我们可以在时序上，甚至面积上获得明显的改善。

现在考虑一下设计方案，设计要求是在检测到 101 序列后启用数据路径逻辑，将 16 位的数据从寄存器 A 传输到输出端口。在这种情况下，我们可以使用以下策略：

（1）设计控制路径逻辑。设计序列检测器来检测 101 序列。控制逻辑的输入使用 clk、reset_n 和 data_in 端口，如果检测到 101 序列，则在 data_out 产生一个脉冲。

（2）设计数据路径逻辑。在数据路径中，我们有一个可以保存 16 位数据的寄存器 A，当它被启用时，它将 A 的内容传输到输出端 y_{out}。

该设计如图 10.7 所示。

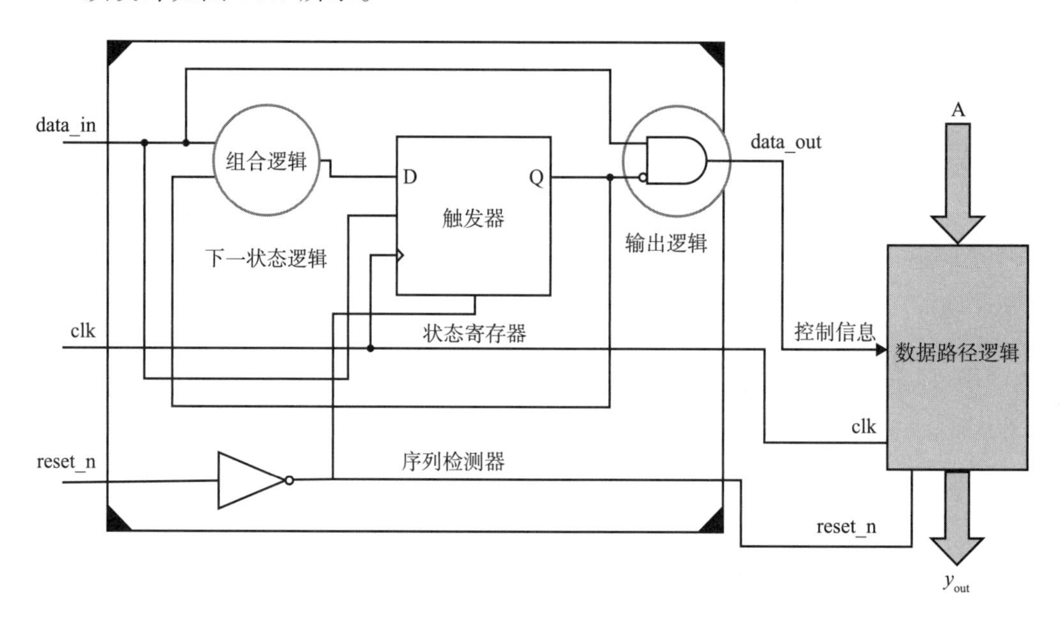

图 10.7 数据路径和控制路径的设计策略和用途

下面我们讨论一下设计的频率，以及寻找影响设计最大频率的不同参数。

10.5 触发器时序参数

触发器的重要时序参数如图 10.8 所示，包括：

（1）建立时间（t_{su}）：在时钟有效边沿到来之前数据应该稳定的最小时间被称为建立时间。在建立时间窗口中，如果数据输入发生变化，那么触发器的输出将是不稳定的，这表明建立时间违例。

（2）保持时间（t_h）：在时钟有效边沿到达后数据应保持稳定的最小时间被称为保持时间。在保持时间窗口内，如果数据输入发生变化，那么触发器的输出将是不稳定的，这表明保持时间违例。

（3）触发器的传播延迟（t_{pff}）：在时钟有效边沿到达后获得输出数据所需的时间被称为触发器的传播延迟。传播延迟也被称为 clock 到 q 的延迟，有时也写作 t_{cq}。

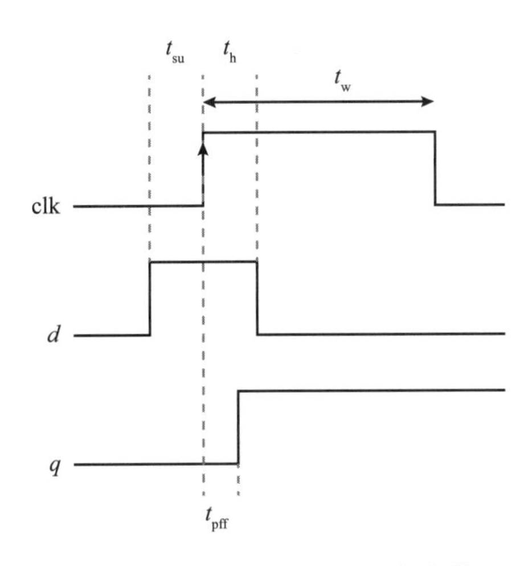

图 10.8 D 型触发器的时序参数

10.6 设计性能改进的例子

现在我们讨论一下如何使用触发器的时序参数获得最大工作频率。

如图 10.9 所示，考虑第 7 章中讨论的翻转触发器的设计，计算该设计的最大工作频率。这里假设传播延迟 $t_{pff}=1\text{ns}$，$t_{combo}=t_{not}$ = NOT 门的传播延迟 = 1ns，建立时间 $t_{su}=1\text{ns}$，保持时间 $t_h=0.5\text{ns}$。

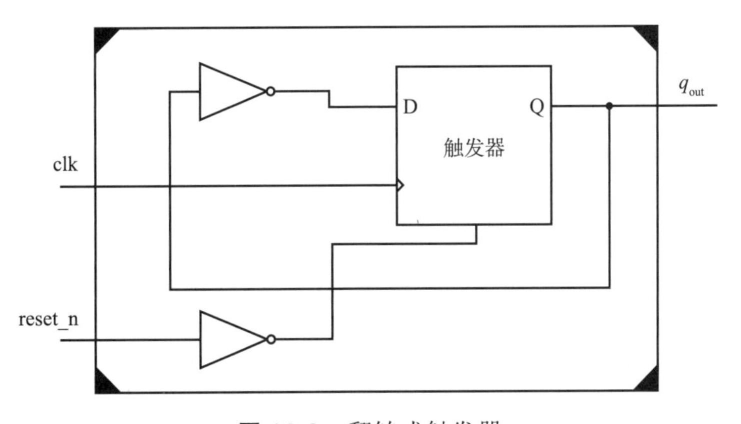

图 10.9 翻转式触发器

为了计算设计的最大工作频率，使用 reg-to-reg 时序路径。在设计中，起点是 clk，终点是触发器的 D。

（1）计算数据到达时间（AT）：

$$AT=t_{pdff1}+t_{combo}$$

（2）计算数据所需时间（RT）：

$$RT = T_{clk} - t_{su}$$

这是因为在时钟上升沿到来之前，D 输入端的数据应该稳定在 t_{su} 范围内。

（3）计算建立时间余量（Slack）：

$$\begin{aligned} Slack &= RT - AT \\ &= \left(T_{clk} - t_{su}\right) - \left(t_{pdff1} + t_{combo}\right) \end{aligned}$$

此值应该大于或等于 0。

（4）如果把 Slack 等同于零，那么我们就会得到

$$0 = \left(T_{clk} - t_{su}\right) - \left(t_{pdff1} + t_{combo}\right)$$
$$T_{clk} = t_{pdff1} + t_{combo} + t_{su}$$

（5）求设计的最大工作频率（f_{max}）：

$$\begin{aligned} f_{max} &= \frac{1}{T_{clk}} = \frac{1}{t_{pdff1} + t_{combo} + t_{su}} \\ &= \frac{1}{1ns + 1ns + 1ns} = \frac{1}{3ns} = 333.33MHz \end{aligned}$$

现在让我们来提高设计性能！

图 10.9 中的逻辑可以通过移除数据路径中的 NOT 门来进行调整。直接将 Q 的补码作为数据，输入到 D 触发器，如图 10.10 所示。

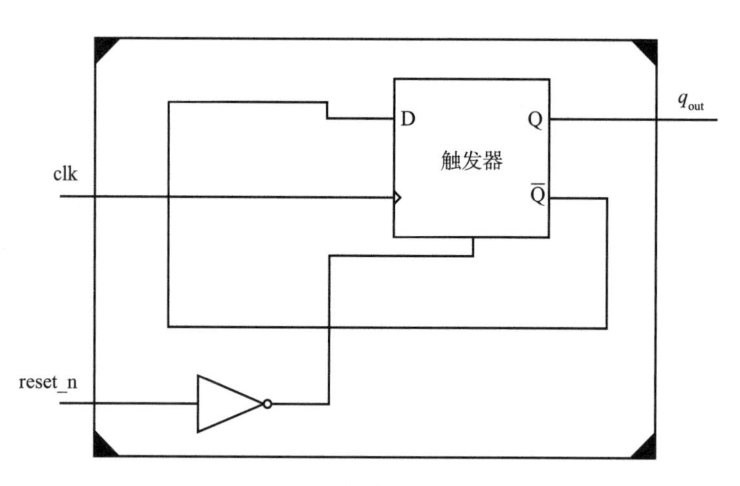

图 10.10　翻转型 D 触发器

图 10.10 所示的设计提高了设计的频率，可以得到新的最大工作频率：

$$f_{\max} = \frac{1}{T_{\text{clk}}} = \frac{1}{t_{\text{pdff1}} + t_{\text{su}}}$$
$$= \frac{1}{1\text{ns} + 1\text{ns}} = \frac{1}{2\text{ns}} = 500\text{MHz}$$

我们也可以将这些技术用于高密度的电路设计。对于高密度的设计，我们可以使用资源共享技术和流水线技术来提高设计的频率并减小面积。

10.7 例 题

利用所学知识完成以下练习。

【例题 1】计算图 10.11 所示设计的最大工作频率。

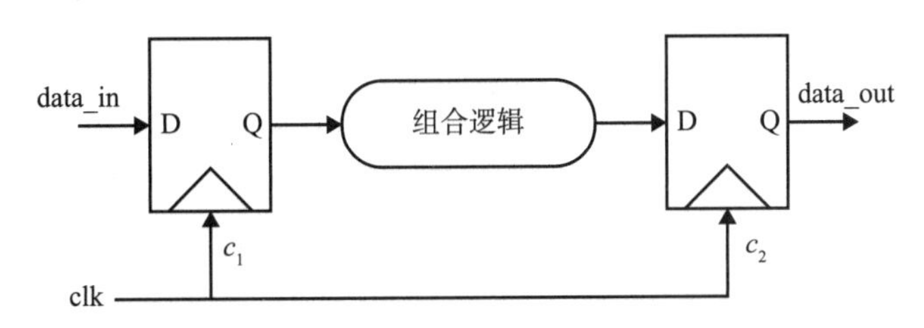

图 10.11 寄存器到寄存器的路径

解答过程：为了计算设计的最大工作频率，使用 reg-to-reg 时序路径。在设计中，起点是 c_1，终点是第二个触发器的 D。

（1）计算数据到达时间（AT）：

$$\text{AT} = t_{\text{pdff1}} + t_{\text{combo}}$$

（2）计算数据所需时间（RT）：

$$\text{RT} = T_{\text{clk}} - t_{\text{su}}$$

（3）计算建立时间余量（Slack）：

$$\text{Slack} = \text{RT} - \text{AT}$$
$$= \left(T_{\text{clk}} - t_{\text{su}}\right) - \left(t_{\text{pdff1}} + t_{\text{combo}}\right)$$

（4）如果我们把 Slack 等同于零，那么我们就会得到

$$0=\left(T_{\text{clk}}-t_{\text{su}}\right)-\left(t_{\text{pdff1}}+t_{\text{combo}}\right)$$
$$T_{\text{clk}}=t_{\text{pdff1}}+t_{\text{combo}}+t_{\text{su}}$$

（5）求设计的最大工作频率（$f_{\max}$）：

$$f_{\max}=\frac{1}{T_{\text{clk}}}=\frac{1}{t_{\text{pdff1}}+t_{\text{combo}}+t_{\text{su}}}$$

【**例题 2**】计算图 10.12 所示设计中的时序路径的数量。

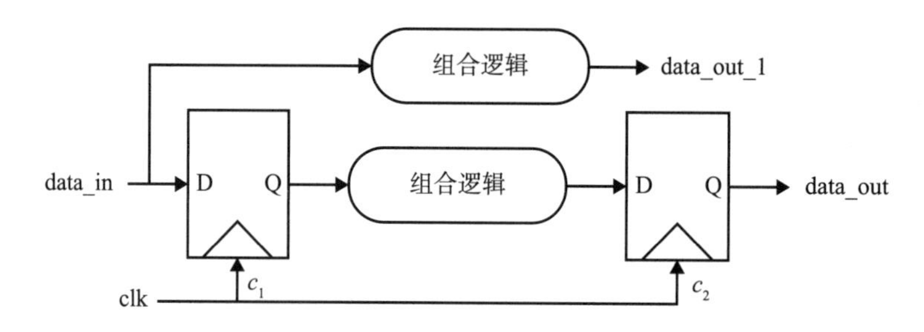

图 10.12　时序设计

解答过程: 要找到设计的时序路径的数量，需要将起始点视为触发器的时钟引脚，将输入端口 data_in 和终点视为次一级时序器件的数据输入，将 data_out 和 data_out_1 视为输出端口。

（1）input-to-reg 路径：从 data_in 到第一个触发器的 D 输入。

（2）reg-to-output 路径：从时钟 c_2 到 data_out。

（3）reg-to-reg 的路径：从时钟 c_1 到第二个触发器的 D 端口。

（4）input-to-output 路径：从 data_in 到 data_out_1，这也被称为组合路径。

因此，该设计有 4 个时序路径。

【**例题 3**】计算图 10.13 所示设计的最大工作频率。

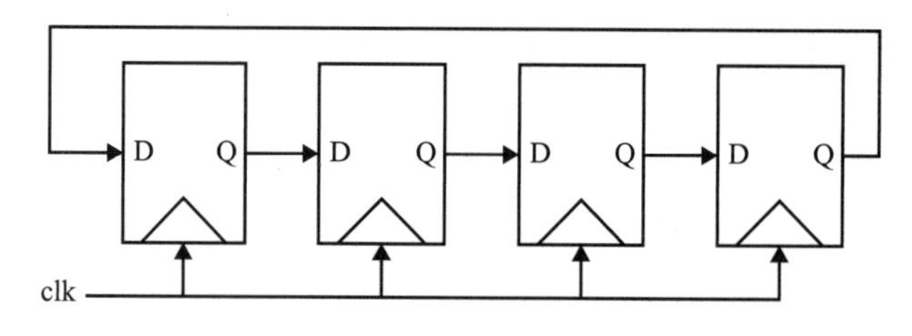

图 10.13　环形计数器

解答过程：为了找到设计的最大工作频率，可以使用任何一个 reg-to-reg 时序路径。在设计中，起点是 clk，终点是第二个触发器的 D。

（1）计算数据到达时间（AT）：

$$\mathrm{AT} = t_{\mathrm{pdff1}}$$

（2）计算数据所需时间（RT）：

$$\mathrm{RT} = T_{\mathrm{clk}} - t_{\mathrm{su}}$$

（3）计算建立时间余量（Slack）：

$$\mathrm{Slack} = \mathrm{RT} - \mathrm{AT} = \left(T_{\mathrm{clk}} - t_{\mathrm{su}}\right) - t_{\mathrm{pdff1}}$$

（4）如果建立时间余量等于零，那么我们就会得到

$$0 = \left(T_{\mathrm{clk}} - t_{\mathrm{su}}\right) - t_{\mathrm{pdff1}}$$
$$T_{\mathrm{clk}} = t_{\mathrm{pdff1}} + t_{\mathrm{su}}$$

（5）求设计的最大工作频率（$f_{\max}$）：

$$f_{\max} = \frac{1}{T_{\mathrm{clk}}} = \frac{1}{t_{\mathrm{pdff1}} + t_{\mathrm{su}}}$$

【例题 4】计算图 10.14 所示设计的最大工作频率。

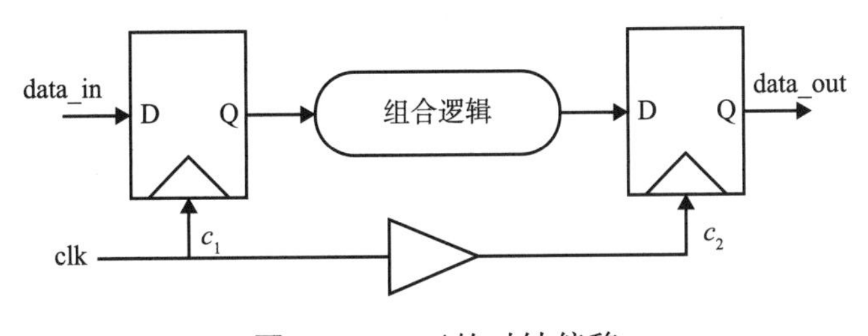

图 10.14　正的时钟偏移

解答过程：为了计算设计的最大工作频率，使用 reg-to-reg 的时序路径。在设计中，起点是 c_1，终点是第二个触发器的 D。

（1）计算数据到达时间（AT）：

$$\mathrm{AT} = t_{\mathrm{pdff1}} + t_{\mathrm{combo}}$$

（2）计算数据所需时间（RT）：

$$\mathrm{RT} = T_{\mathrm{clk}} - t_{\mathrm{su}} + t_{\mathrm{buf}}$$

（3）计算建立时间余量（Slack）：

$$\text{Slack} = \text{RT} - \text{AT} = \left(T_{\text{clk}} - t_{\text{su}} + t_{\text{buf}}\right) - \left(t_{\text{pdff1}} + t_{\text{combo}}\right)$$

（4）如果 Slack 等同于零，那么我们就会得到

$$0 = \left(T_{\text{clk}} - t_{\text{su}} + t_{\text{buf}}\right) - t_{\text{pdff1}} - t_{\text{combo}}$$
$$T_{\text{clk}} = t_{\text{pdff1}} + t_{\text{combo}} + t_{\text{su}} - t_{\text{buf}}$$

（5）计算设计的最大工作频率（$f_{\max}$）：

$$f_{\max} = \frac{1}{T_{\text{clk}}} = \frac{1}{t_{\text{pdff1}} + t_{\text{combo}} + t_{\text{su}} + t_{\text{buf}}}$$

【例题 5】计算图 10.15 所示设计的最大工作频率。

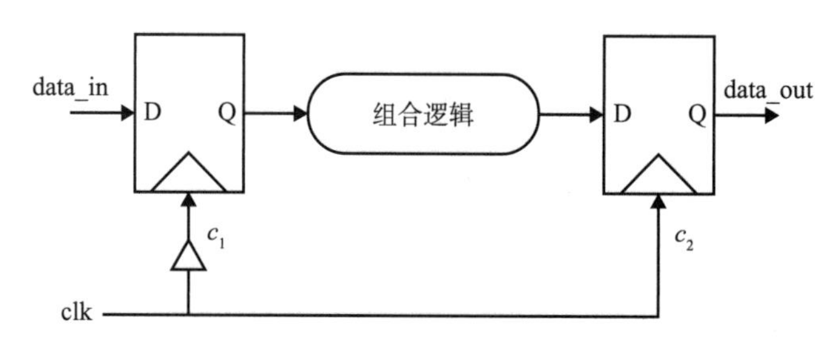

图 10.15 负的时钟偏移

解答过程：为了计算该设计的最大工作频率，使用 reg-to-reg 时序路径。在设计中，起点是 c_1，终点是第二个触发器的 D。

（1）计算数据到达时间（AT）：

$$\text{AT} = t_{\text{pdff1}} + t_{\text{combo}}$$

（2）计算数据所需时间（RT）：

$$\text{RT} = T_{\text{clk}} - t_{\text{su}} + t_{\text{buf}}$$

在时钟上升沿到来之前，D 输入的数据应该稳定在 t_{su} 余量内，而时钟被缓冲器延迟。

（3）计算建立时间（Slack）：

$$\text{Slack} = \text{RT} - \text{AT} = \left(T_{\text{clk}} - t_{\text{su}} + t_{\text{buf}}\right) - \left(t_{\text{pdff1}} + t_{\text{combo}}\right)$$

（4）如果 Slack 等同于零，那么我们就会得到

$$0 = \left(T_{clk} - t_{su} + t_{buf}\right) - t_{pdff1} - t_{combo}$$
$$T_{clk} = t_{pdff1} + t_{combo} + t_{su} - t_{buf}$$

（5）计算设计的最大工作频率（f_{max}）：

$$f_{max} = \frac{1}{T_{clk}} = \frac{1}{t_{pdff1} + t_{combo} + t_{su} + t_{buf}}$$

10.8 小 结

以下是本章的几个重点：

（1）FSM 应该设计更好的数据路径和控制路径。

（2）设计的目标是通过最小化 reg-to-reg 路径的组合延迟来提高设计频率。

（3）触发器的建立时间是在时钟有效边沿到来之前数据应该稳定的最小时间。

（4）触发器的保持时间是在时钟有效边沿到达后数据应保持稳定的最小时间。

（5）触发器的传播延迟是在时钟有效边沿到达后获得输出数据所需的时间。

（6）时序分析的起始点是 clk 端口和输入端口。

（7）时序分析的终点是输出端口和后级 D 触发器的数据输入端口。

（8）最大工作频率取决于触发器的时序参数和组合逻辑电路的延迟。

第11章　高级设计技术2

在架构和微架构设计期间，各种高效的设计技术是非常有用的。

在前一章中，我们已经介绍了先进的数字设计技术，在这一章中，我们将重点介绍给定功能规格的架构设计，有助于读者理解特定的设计方案，如多时钟域、多电源域、同步器、特殊的设计场景和设计性能的改进。

11.1　多时钟域设计

大多数情况下，我们会面临多个时钟域的设计，例如通用处理器、视频编码器 / 解码器和内存控制器的设计。通用处理器在 $clk_1 = 500MHz$ 上工作，视频编码器 / 解码器在 $clk_2 = 250MHz$ 上工作，内存控制器在 $clk_3 = 333.33MHz$ 上运行。因此，我们需要有三个不同的时钟源，这种类型的设计被称为多时钟域设计，如图 11.1 所示。

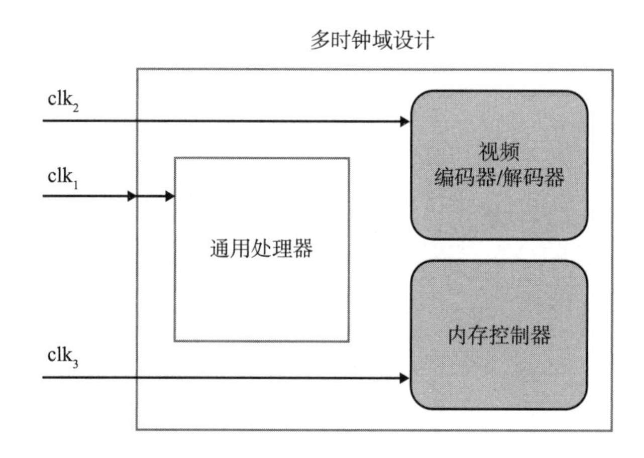

图 11.1　多时钟域设计

这种设计中的问题是什么？

在多时钟域设计中，主要问题是时钟域之间的数据交换，这其中有一个数据收敛的问题，这个问题可以通过使用控制路径和数据路径的同步器来克服。

我们可以考虑在控制路径上使用电平同步器，在数据路径上使用 FIFO 同步器。下一节将讨论多时钟域设计中的问题。

11.2　亚稳态

考虑一下图 11.2 中的设计。data_in 是设计的输入，在时钟的上升沿进行采样。如果以不同时钟频率工作的另一个设计驱动 data_in，那么该设计就有多个时钟边界。在这种情况下，由于多个时钟之间的相位差，第一个触发器会进入亚稳态。meta_data 表明触发器的输出是亚稳态，因此第一个触发器存在时间违例。

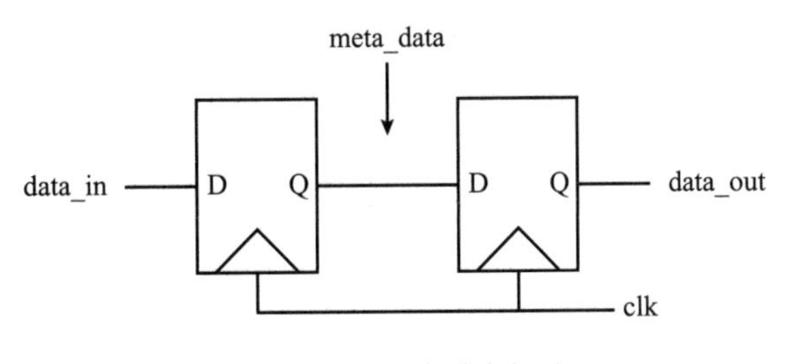

图 11.2 电平同步概念

亚稳态的出现表明数据的输出是无效的，为了获得有效的数据输出，设计需要使用多级同步器。

图 11.2 的时序如图 11.3 所示，第一个触发器的输出处于亚稳态，而输出触发器的 data_out 输出处于有效的稳定状态。

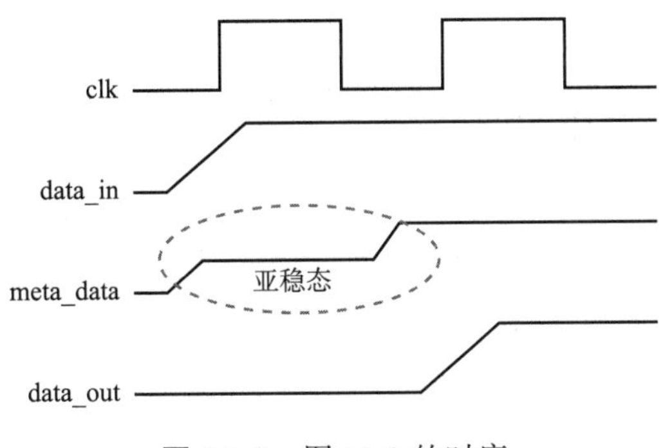

图 11.3 图 11.2 的时序

11.3 控制路径同步器

正如上一节所讨论的，我们可以考虑在控制路径中使用电平同步器。对于电平同步器来说，第一个触发器的输出处于亚稳态，因此设计人员在时序分析中需要设置“错误路径”来忽略工具对该路径的分析。图 11.4 所示为“使用两个级联触发器”的控制路径同步器。

还有其他各种同步技术在多个时钟域之间传递信号，其中一些是 MUX 同步器、脉冲同步器。

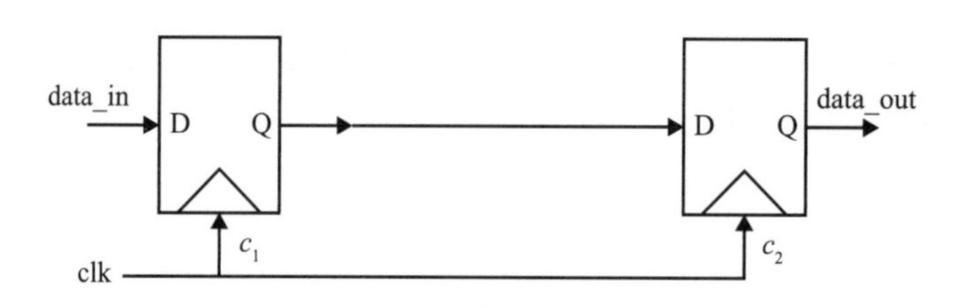

图 11.4 两级同步器

考虑到时钟域 1 工作在 100MHz，时钟域 2 工作在 50MHz，为了将控制信号从一个时钟域传到另一个时钟域，我们可以在控制路径中使用电平同步器，如图 11.5 所示。

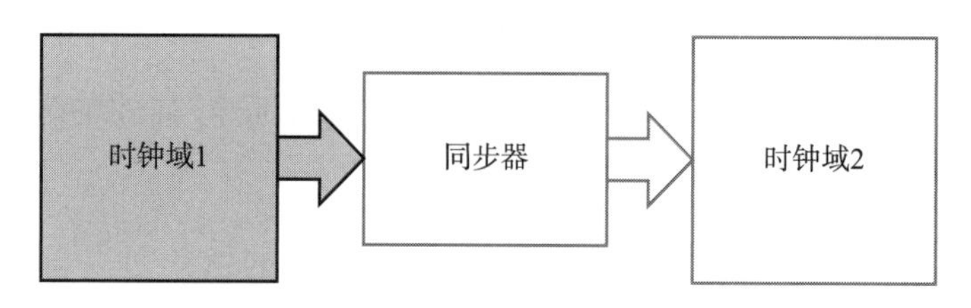

图 11.5 在时钟域之间传递控制信号

11.4 数据路径同步器

我们可以使用异步 FIFO 在时钟域之间传递数据。

FIFO 有输入数据端口和输出数据端口，对应于写时钟域和读时钟域，FIFO 的基本结构如图 11.6 所示。

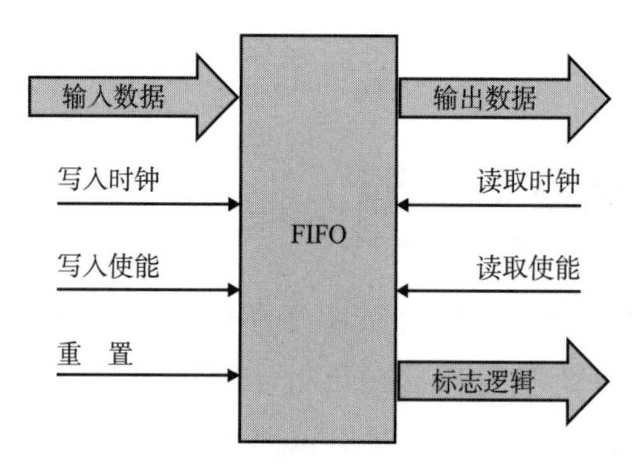

图 11.6 数据路径中的 FIFO

FIFO 在数据路径中被用来传输突发数据。写时钟域和读时钟域的频率是不同的，在设计的过程中，我们需要了解所需的 FIFO 的深度。此章将在例题中讨论 FIFO 深度的计算问题。

根据写入时钟的频率，当 FIFO 未满时，数据的突发操作被写入 FIFO 存储器中。

当 FIFO 非空的时候，那么根据读取时钟的频率，可以读取数据。

在设计数据路径同步器的过程中，设计者的目标是设计 FIFO 逻辑以实现数据稳定收敛。

11.5 多电源域设计

我们在设计中不仅会面临多时钟域，而且还会面临多电源域。也就是说，不同的设计单元在不同的电压水平上工作。例如，通用处理器工作在 1.8V，视频编码器 / 解码器工作在 3.3V，内存控制器工作在 2.5V，如图 11.7 所示。

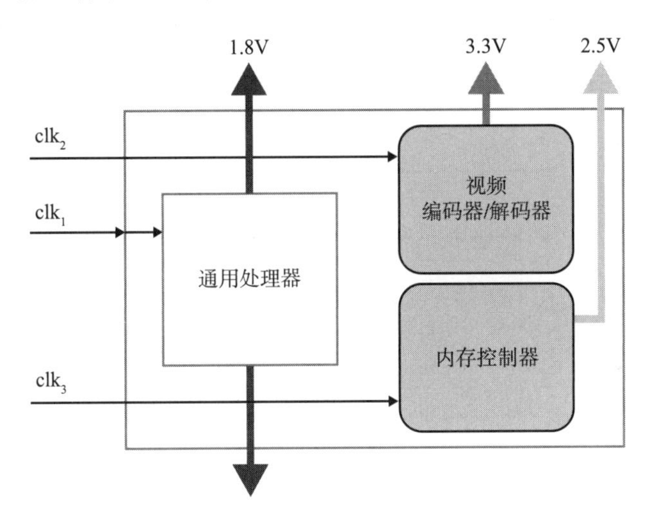

图 11.7 多时钟域和电源域的设计

图 11.7 中有三个电源域，对于这样的设计，我们需要有更好的功耗管理方法。在进行多电源域的设计时，我们可以使用以下策略：

（1）使用 FSM 设计上电顺序。

（2）在多个电源域之间进行通信时，使用电平转换器和隔离单元。

（3）在电源关闭期间，使用保留单元来保留块的状态。

（4）使用低功耗单元，设计低功耗架构。

大多数的架构设计需要使用高速设计技术和低功耗设计方法，因此，我们接下来介绍如何利用这些方法来设计给定规格的架构。

11.6　架构层面的设计

下面我们讨论一下如何设计“处理器和 IO 之间的高速数据传输逻辑”的架构和微架构。

（1）了解处理器的工作频率。

（2）了解 IO 设备的工作频率。

（3）设计 IO 控制器以便处理器进行通信。

（4）尝试找出通道的频率和数据带宽，以便传输或接收突发的数据。

在顶层，我们可以考虑 IO 处理器，它可以在主处理器和 IO 之间进行连接，以传输数据。

根据设计规范，我们可以设计出图 11.8 所示的结构，在主处理器和 IO 之间传输数据的主要功能块是输入缓冲区、输出缓冲区、数据传输模块、IO 配置模块、控制和计时单元。

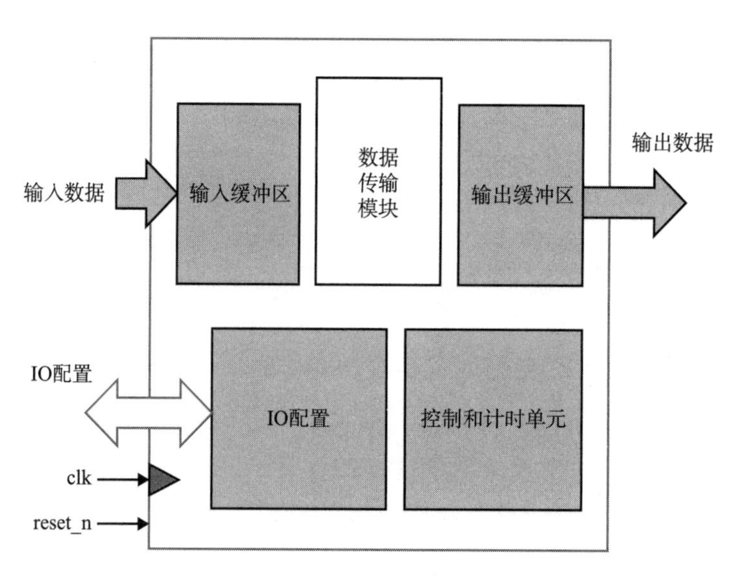

图 11.8　IO 处理器的结构

对于每个模块，我们都需要确定接口信号和控制信号。如果目标是用于 RTL 设计，我们应该为每个模块创建微架构。对于系统设计，我们应该有不同的思考过程，这些内容将在第 12 章介绍。

11.7 如何提高设计性能?

为了提高架构层面的设计性能，我们需要了解顶层的设计限制因素，如面积、频率和功耗。

以下是我们可以采取的一些策略来提高设计性能：

（1）通过使用独立的功能块，拥有更好的分区策略。

（2）在设计中要有并行性，以便在同一时间执行多个操作。例如，一次从不同的设备中获取数据。虽然这可能会增加面积，但这种方法会提高设计的频率，如图 11.9 所示。

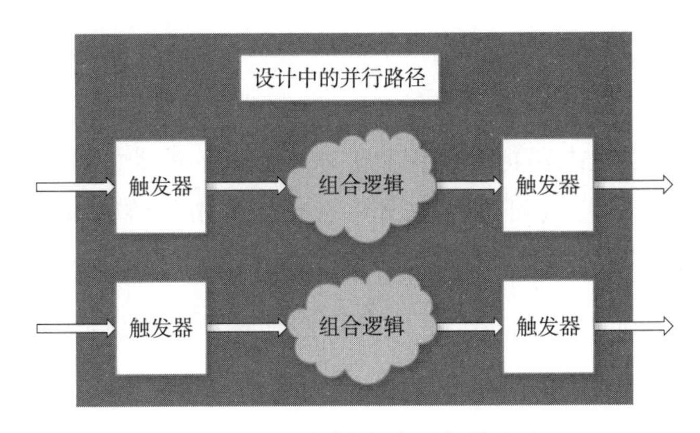

图 11.9 设计中的平行路径

（3）设计时钟树，以优化时序。

（4）在上电时使用复位逻辑来初始化功能块。

（5）避免功能块的级联以改善时序。

（6）在开发处理器时使用流水线技术和资源复用技术，例如，取指、译码、执行和存储可以通过 4 级流水线架构进行。

（7）使用设计策略来隔离电源域和时钟域。

（8）使用内存缓冲区和内部存储的设计策略。

（9）使用高速接口以尽量减少延迟。

（10）在设计中使用抑制毛刺的电路和结构，以避免毛刺的出现。

（11）使用时钟门控单元来减少动态功耗，如图 11.10 所示。

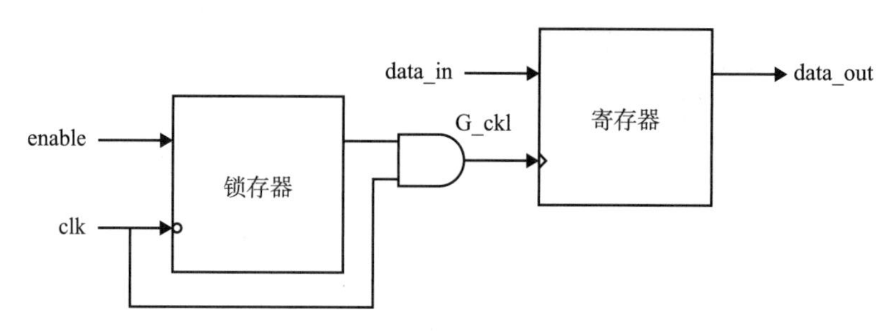

图 11.10 低功耗时钟门控单元

11.8 数字系统和设计

正如我们大多数人所熟悉的那样，数字系统由处理器、IO 设备和存储器组成。

处理器根据 IO 或内存指令，控制 IO 设备和存储器之间的数据传输。处理器有地址总线、数据总线和控制总线。地址总线用于传输 IO 设备或存储器的地址，控制总线产生读和写的控制信号，数据总线用于传输或接收数据。

存储器可以是 ROM 或 RAM，它们可以使用所需的解码方案与处理器进行连接。

像键盘、显示器、ADC 和 DAC 这样的 IO 设备也使用所需的解码方案与处理器进行通信，如图 11.11 所示。

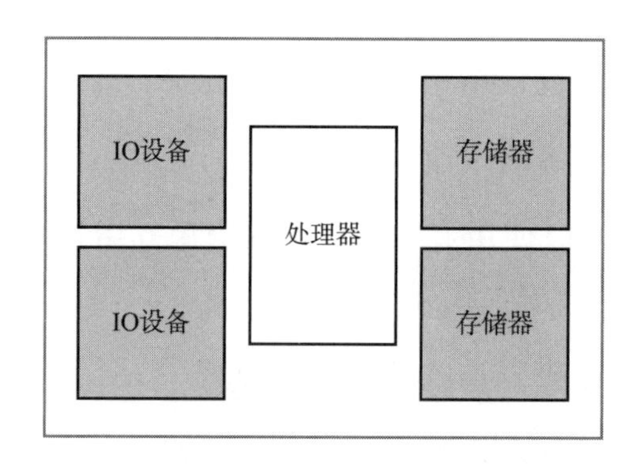

图 11.11 系统设计中的基本组成部分

有了上述组件，系统就有了电源、时钟生成逻辑、复位生成逻辑和其他高速数据传输机制。

11.9 例 题

利用本章所学技术完成以下练习。

【例题 1】 假设 FIFO 的宽度为 1 个字节，FIFO 的写时钟频率 $f_1 = 100\text{MHz}$，读时钟频率 $f_2 = 50\text{MHz}$，突发长度为 40 字节，求 FIFO 的深度。

解答过程：

（1）计算写入单个数据字节所需的时间（T_w）：

$T_w = 1/100\text{MHz} = 10\text{ns}$

（2）计算写入 40 字节的数据突发所需的时间（T_{b_w}）：

$T_{b\_w} = T_w \times$ 突发长度 $= 10\text{ns} \times 40 = 400\text{ns}$

（3）计算读取一个数据所需的时间（T_r）：

$T_r = 1/50\text{MHz} = 20\text{ns}$

（4）在 T_{b_w} 的持续时间内，数据读取的数量为：

读取数量 = 400ns/20ns = 20

（5）计算 FIFO 的深度

FIFO 的深度 = 突发长度 − 读取数量 = 40−20 = 20

【例题 2】 假设 FIFO 的宽度为 1 个字节，写时钟频率 $f_1 = 100\text{MHz}$，读时钟频率 $f_2 = 50\text{MHz}$，突发长度为 40 字节，两次写入之间的空闲周期数为 1，两次读取之间的空闲周期数为 3，求 FIFO 的深度。

解答过程：

（1）计算写入单个数据字节所需的时间（T_w）：

$T_w = 2 \times (1/100\text{MHz}) = 20\text{ns}$

两次写入之间有一个空闲周期，因此在两个周期内，有一个数据被写入。

（2）计算写入 40 字节的数据突发所需的时间（T_{b_w}）：

$T_{b\_w} = T_w \times$ 突发长度 $= 20\text{ns} \times 40 = 800\text{ns}$

（3）计算读取一个数据所需的时间（T_r）：

$T_r = 4 \times (1/50\text{MHz}) = 80\text{ns}$

（4）在 T 的持续时间内，数据读取的数量为：

读取数量 = 800ns/80ns = 10

（5）求 FIFO 的深度：

FIFO 的深度 = 突发长度 − 读取数量 = 40−10 = 30

【例题 3】假设 FIFO 的宽度为 1 个字节，写时钟频率 $f_1 = 50\text{MHz}$，读时钟频率 $f_2 = 100\text{MHz}$，突发长度为 100 字节，两次写入之间的空闲周期数为 1，两次读取之间的空闲周期数为 3，求 FIFO 的深度。

解答过程：

（1）计算写入单个数据字节所需的时间（T_w）：

$T_w = 2 \times (1/50\text{MHz}) = 40\text{ns}$

（2）计算写入 100 字节的数据突发所需的时间（T_{b_w}）：

$T_{b\_w} = T_w \times$ 突发长度 = $40\text{ns} \times 100 = 4000\text{ns}$

（3）计算读取一个数据所需的时间（T_r）：

$T_r = 4 \times (1/100\text{MHz}) = 40\text{ns}$

（4）在 T 的持续时间内，数据读取的数量为：

读取数量 = 4000ns/40ns = 100

（5）计算 FIFO 的深度：

FIFO 的深度 = 突发长度 − 读取数量 = 100−100 = 0

即不需要 FIFO。

【例题 4】假设 FIFO 的宽度为 1 个字节，写时钟频率 $f_1 = 25\text{MHz}$，读时钟频率 $f_2 = 40\text{MHz}$，突发长度为 100 字节，两次写入之间的空闲周期数为 1，两次读取之间的空闲周期数为 3，计算 FIFO 的深度。

解答过程：

（1）计算写入单个数据字节所需的时间（T_w）：

$T_w = 2 \times (1/25\text{MHz}) = 80\text{ns}$

（2）计算写入 100 字节的数据突发所需的时间（T_{b_w}）

$T_{b\_w} = T_w \times$ 突发长度 $= 80\text{ns} \times 100 = 8000\text{ns}$

（3）计算读取一个数据所需的时间（T_r）：

$T_r = 4 \times (1/40\text{MHz}) = 100\text{ns}$

（4）在 T 的持续时间内，数据读取的数量为：

读取数量 = 8000ns/100ns = 80

（5）计算 FIFO 的深度

FIFO 的深度 = 突发长度 − 读取数量 = 100−80 = 20

【例题 5】假设 FIFO 的宽度为 1 个字节，写时钟频率 $f_1 = 50\text{MHz}$，读时钟频率 $f_2 = 50\text{MHz}$，突发传输的长度为 80 字节，两次写入之间的空闲周期数为 1 个周期，两次读取之间的空闲周期数为 3 个周期，请计算 FIFO 所需的深度。

解答过程：

（1）计算写入单个数据字节所需的时间（T_w）：

$T_w = 2 \times (1/50\text{MHz}) = 40\text{ns}$

（2）计算写入 80 字节的数据突发所需的时间（T_{b_w}）

$T_{b\_w} = T_w \times$ 突发长度 $= 40\text{ns} \times 80 = 3200\text{ns}$

（3）计算读取一个数据所需的时间（T_r）：

$T_r = 4 \times (1/50\text{MHz}) = 80\text{ns}$

（4）在 T 的持续时间内，数据读取的数量为：

读取数量 = 3200ns/80ns = 40

（5）计算 FIFO 的深度

FIFO 的深度 = 突发长度 − 读取数量 = 80−40 = 40

11.10 小 结

以下是本章的几个重点：

（1）对于多时钟域设计，在控制路径中使用电平同步器

（2）可以使用 FIFO，在多个时钟域之间进行数据的传递。

（3）对于多电压域的设计来说，可以使用电平转换器、隔离单元和保持单元。

（4）使用 FIFO 深度计算的方法，得到多时钟域设计中所需的 FIFO 深度。

（5）在架构和微架构的设计中考虑并行性原则。

（6）在系统设计中，针对 IO 设备和存储器，要有对应的解码策略。

第 12 章　系统设计和考虑因素

对于数字系统的设计，我们应该使用高速处理器、IO设备和存储器作为基本组件。

在前几章中，我们已经介绍了各种数字设计技术和与之相对应的例题。在大多数情况下，我们在设计数字系统时需要使用相关的设计技术。数字设计技术的理解和使用，对工程师设计和实现相关的系统是有帮助的，即在有效理解的基础上，按照面积、频率和功耗的要求实现相关的数字系统。在这个背景下，本章将介绍数字设计技术在系统设计中的应用和其他相关的重要目标。

12.1 系统设计

正如前一章所介绍的，系统设计应包含处理器、IO 设备和存储器。

图 12.1 是数字系统的顶层结构。除了图中所示的器件外，我们还需要有时钟、电源和复位逻辑。有些系统甚至还可能有额外的高速接口、板级测试模块和板级调试模块。本章的目的是了解数字系统，以及这些器件如何相互连接以建立通信。

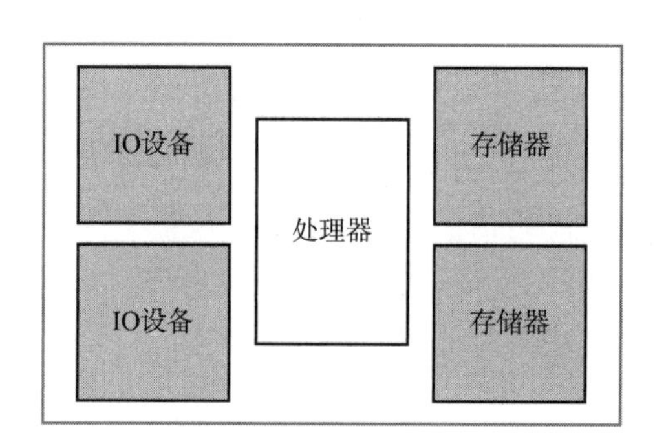

图 12.1 系统设计组件

12.2 我们需要思考的是什么？

在开发系统时，我们需要考虑以下几个重要的问题：

（1）系统的应用和使用。

（2）认识不同的器件。

（3）IO 设备：输入输出设备的类型。

（4）存储器：系统中需要的内存类型。

（5）如何识别这些设备。

（6）解码逻辑应该是什么。

（7）设计的频率需求是什么。

（8）考虑设计的兼容性。

（9）面积、频率和功耗要求是什么。

（10）电源电压划分和供电设计。

（11）时钟管理和复位管理。

（12）电路板设计和接口问题。

我们可以使用微处理器、微控制器或 FPGA 作为处理单元。

12.3 重要的考虑因素

以“最小的传播延迟和较低的功耗”来设计电路，是所有系统设计者的目标，甚至我们还需要考虑：

（1）兼容性：如果两个设备是兼容的，那么它们的逻辑层级是相同的，它们可以直接连接在一起。如图 12.2 所示，AND 的输出直接驱动 NOT 门，这意味着它们是相互兼容的。

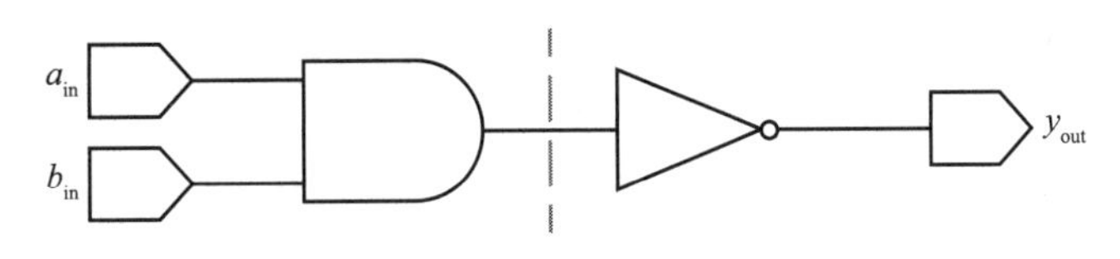

图 12.2 兼容设备

（2）扇出（fanout）：驱动器可以驱动的最大负载被称为扇出，在设计任何数字系统时，我们需要了解设计的扇出，如图 12.3 所示。

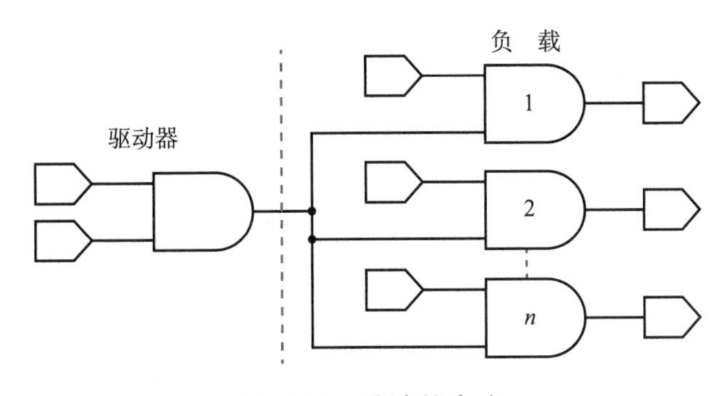

图 12.3 设计的扇出

（3）噪声余量：数字系统中可接受的最大噪声，如图 12.4 所示。

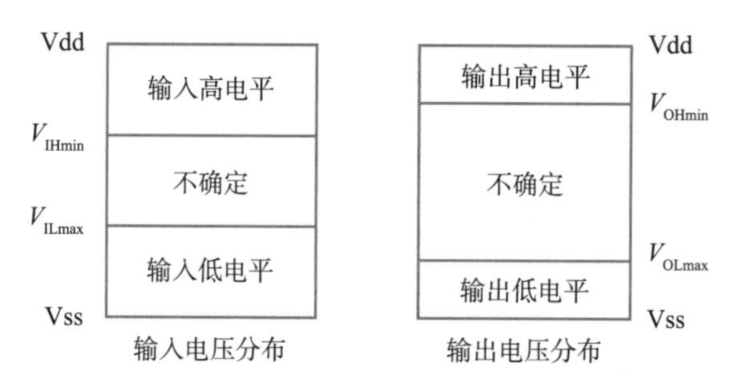

图 12.4　电压分布和噪声余量

考虑到图 12.4 中所示的电压分布，噪声余量 V_n 被定义为

$$V_n=V_{ILmax}-V_{OLmax}$$

其中，V_{ILmax} 是最大的低电平输入电压；V_{OLmax} 是最大的低电平输出电压。

噪声余量 V_n 也可以定义为

$$V_n=V_{OHmin}-V_{IHmin}$$

其中，V_{IHmin} 是最小的高电平输入电压；V_{OHmin} 是最小的高电平输出电压。

上述的这些参数对选择各种系统组件时是很有帮助的。

12.4　微处理器的能力

微处理器能进行数据的传输、运算、逻辑功能和分支操作。微处理器应该有专门的系统总线来传输地址、数据和控制信号。

为了更好地理解，现在考虑一下 4 位微处理器，它有 4 位地址总线，8 位数据总线，同时它还有控制信号 RD、WR、IO_M 来控制存储器 /IO 和处理器之间的数据传输。

（1）地址总线：用于携带存储器或 IO 设备的地址，A_0 ~ A_3 视为来自处理器的单向地址线。

（2）数据总线：用于携带数据的双向总线。数据可以在处理器和 IO 设备 / 存储器之间进行交换，D_0 ~ D_7 视为双向数据总线。

（3）控制总线：用于控制 IO 设备或存储器的读和写。

图 12.5 给出了系统设计中使用的各种总线的信息。

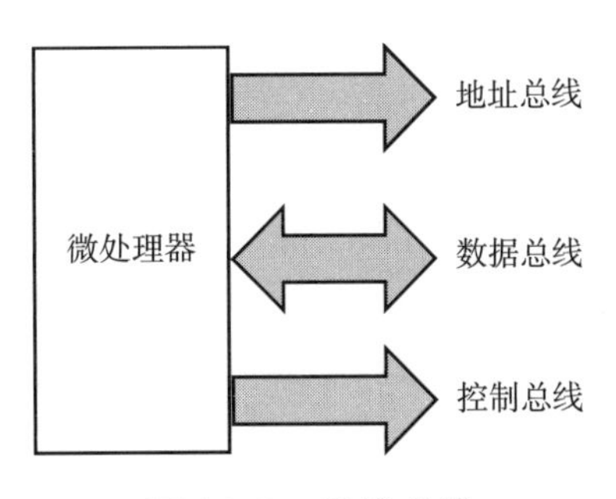

图 12.5 系统总线

12.5 控制信号的生成逻辑

下面我们借助对解码器和组合逻辑的理解来生成存储器和 IO 设备的控制信号。

如上所述，主要的控制信号是 RD、WR、IO_M，这些信号被用于执行对 IO 设备 / 存储器的读写，如表 12.1 所示。

表 12.1 控制信号

RD	WR	IO_M	操 作
1	0	0	存储器读取
0	1	0	存储器写入
1	0	1	IO 设备读取
0	1	1	IO 设备写入
0	0	x	无操作

为了设计控制逻辑，我们使用表 12.1 中记载的条目。借助 3–8 解码器，我们可以为存储器 /IO 设备的读写行为产生控制信号。

当 RD=1 时，如果 IO_M=0，则执行存储器读取；如果 IO_M=1，则执行 IO 读取。

当 WR=1 时，如果 IO_M=0，则执行存储器写入；如果 IO_M=1，则执行 IO 写入。

当 RD 和 WR 都为逻辑 0 时，处理器将不执行任何操作，如图 12.6 所示。

由图 12.6 可知，控制信号是通过 3–8 解码器产生的：

· 要进行存储器读操作，IO_M=0，WR=0，RD=1，因此，y_1=1。

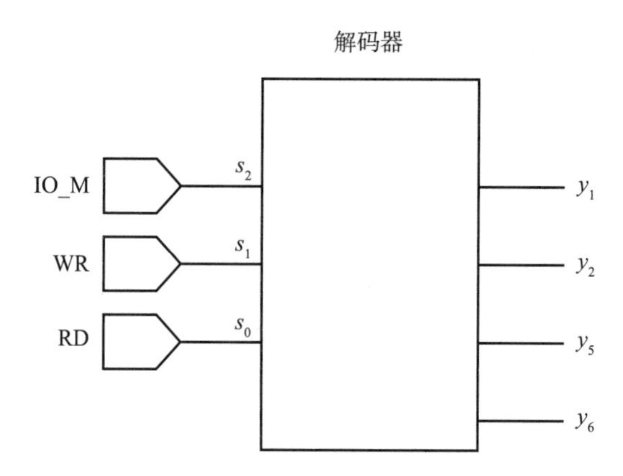

图 12.6 存储器 /IO 设备控制信号逻辑

- 要进行存储器写操作，IO_M=0，WR=1，RD=0，因此，y_2=1。
- 要进行 IO 设备读取操作，IO_M=1，WR=0，RD=1，因此，y_5=1。
- 要进行 IO 设备写操作，IO_M=1，WR=1，RD=0，因此，y_6=1。

在同一时间，只有一个解码器的输出端口是高电平的。

12.6 IO设备与处理器的通信

下面我们考虑一下 IO 设备的读写事务，如何建立与 IO 设备的通信是我们需要重点讨论的议题。

假设系统要求有 4 个 IO 设备，每个 IO 设备有四个端口，那么，我们的策略应该是什么？

为了识别其中一个端口，我们需要使用两个地址线。为什么？因为 4 个端口 =2^2。2 的幂表示需要的地址线的数量。表 12.2 给出了根据 A_1、A_0 的状态来识别端口的信息。

表 12.2 IO 端口识别

en=IO_M	A_1	A_0	描 述
1	0	0	选择 IO 设备端口 0（y_0）
1	0	1	选择 IO 设备端口 1（y_1）
1	1	0	选择 IO 设备端口 2（y_2）
1	1	1	选择 IO 设备端口 3（y_3）
0	x	x	没有选择任何一个 IO 设备

现在每个 IO 设备都有特定的地址：IO 设备 #1 的地址为 0000-0011，IO 设备 #2 的地址为 0100-0111，IO 设备 #3 的地址为 1000-1011，IO 设备 #4 的地址为 1100–1111。因此，我们使用地址线 A_3、A_2 并选择 IO 设备中的一个，如表 12.3 所示。

表 12.3　IO 设备选择

en=IO_M	A_3	A_2	描　述
1	0	0	选择 IO 设备 #1
1	0	1	选择 IO 设备 #2
1	1	0	选择 IO 设备 #3
1	1	1	选定 IO 设备 #4
0	x	x	没有选择任何一个 IO 设备

现在我们将四个 IO 设备与微处理器连接起来，如图 12.7 所示，为了启用 IO 解码器，需要 en=IO_M（即图中“2–4 解码器”被启用时）。

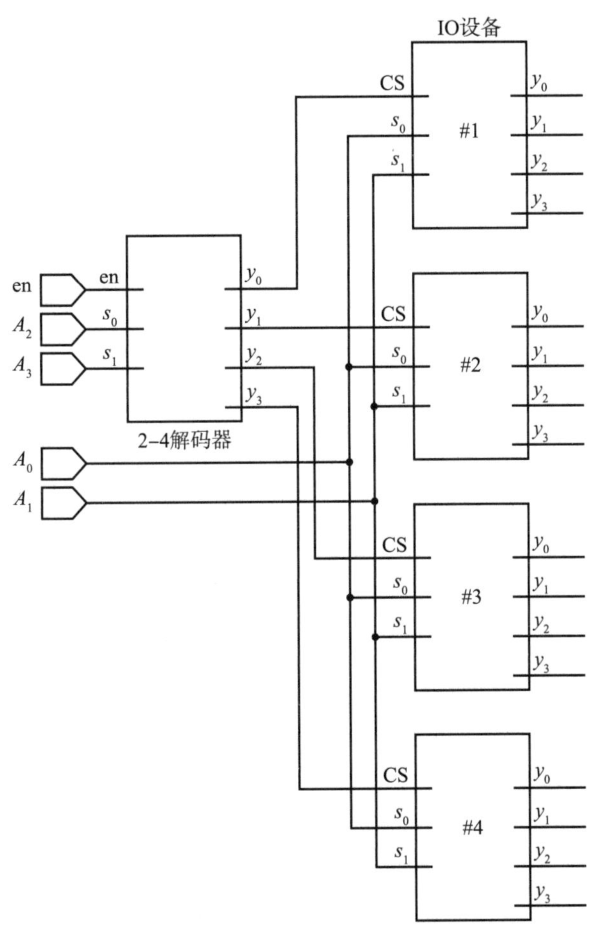

图 12.7　IO 接口

由图 12.7 可知，地址线 A_1、A_0 直接用于识别 IO 端口，地址线 A_3、A_2 用于选择 #1、#2、#3、#4 中的一个。

12.7 存储器与处理器的通信

本节将讨论如何建立与存储器的通信。

考虑到系统要求连接四个存储器，每个存储器有四个 8 位寄存器，那么，我们的策略应该是什么?

为了识别具体哪一个存储器，我们使用两个地址线。为什么? 因为四个存储器 / 寄存器 =2^2。2 的幂表示需要的地址线的数量。表 12.4 给出了根据 A_1、A_0 的状态来识别具体存储器位置的相关信息。

表 12.4 存储器位置识别

en=IO_M	A_1	A_0	描 述
0	0	0	选择存储器位置 0
0	0	1	选择存储器位置 1
0	1	0	选择存储器位置 2
0	1	1	选择存储器位置 3
1	x	x	未选择任何存储器

现在每个存储器都有特定的地址：存储器 #1 的地址为 0000–0011，存储器 #2 的地址为 0100–0111，存储器 #3 的地址为 1000–1011，存储器 #4 的地址为 1100–1111。因此，让我们使用地址线 A_3、A_2 并选择其中一个存储器，如表 12.5 所示。

表 12.5 存储器选择

en=IO_M	A_3	A_2	描 述
0	0	0	选择存储器 #1
0	0	1	选择存储器 #2
0	1	0	选择存储器 #3
0	1	1	选择存储器 #4
1	x	x	未选择任何存储器

我们把这四个存储器与微处理器连接起来，如图 12.8 所示，为了启用存储器解码器，需要 en=IO_M（即 0 位置的存储器解码器被启用时）。

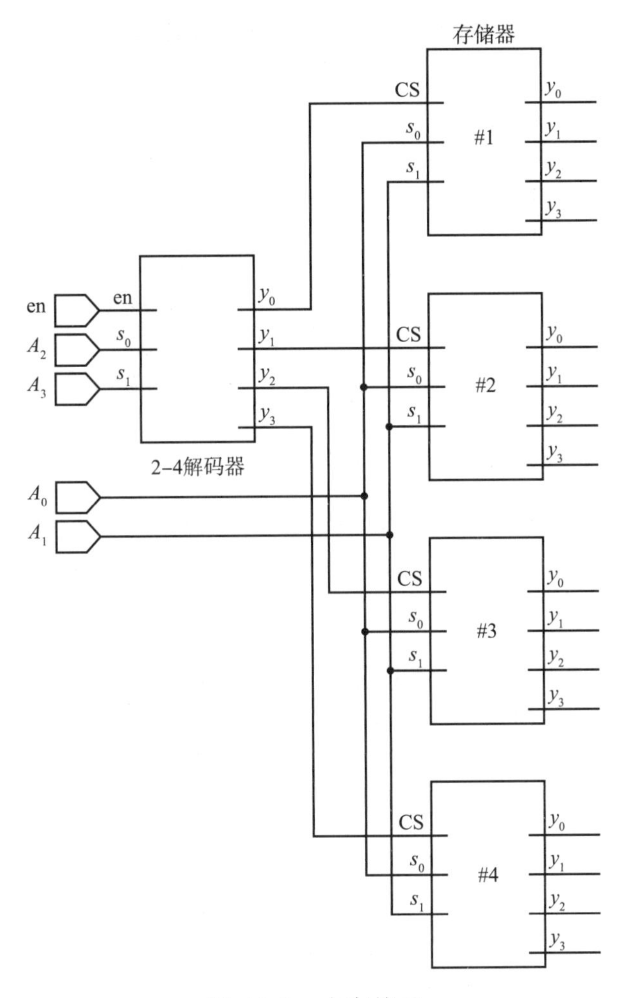

图 12.8 内存接口

12.8 设计方案和优化

如上节所述，我们可以设计独立的 IO 和存储器解码逻辑，但使用上述的策略，我们需要有独立的 IO 解码器和存储器解码器，系统可能因此变得笨重，甚至会增加芯片的成本。

现在我们考虑同样的情况来设计有四个 IO 设备和四个存储器的系统。

我们进行优化，尝试实现单一的解码逻辑来选择 IO 设备或存储器中的一个，根据 IO_M、RD、WR 的状态来记录 IO 设备和存储器的选择。

如表 12.6 所示，IO_M、A_3、A_2 用于选择 IO 设备或存储器。因此，我们可以使用 3-8 解码器并产生 8 个输出来识别存储器和 IO 设备。

表 12.6　IO 设备和存储器选择

en=IO_M	A_3	A_2	描　述	解码器输出
0	0	0	选择存储器 #1	y_0
0	0	1	选择存储器 #2	y_1
0	1	0	选择存储器 #3	y_2
0	1	1	选择存储器 #4	y_3
1	0	0	选择 IO 设备 #1	y_4
1	0	1	选择 IO 设备 #2	y_5
1	1	0	选择 IO 设备 #3	y_6
1	1	1	选择 IO 设备 #4	y_7

选择 3-8 解码器的线路：$s_2 = \text{IO\_M}$，$s_1 = A_3$，$s_0 = A_2$。

输出 y_0 ~ y_7 每次只有一个是高电平有效，根据表 12.6 中的条目，y_0 ~ y_7 被用作各自存储器和 IO 设备的芯片选择线，如图 12.9 所示。

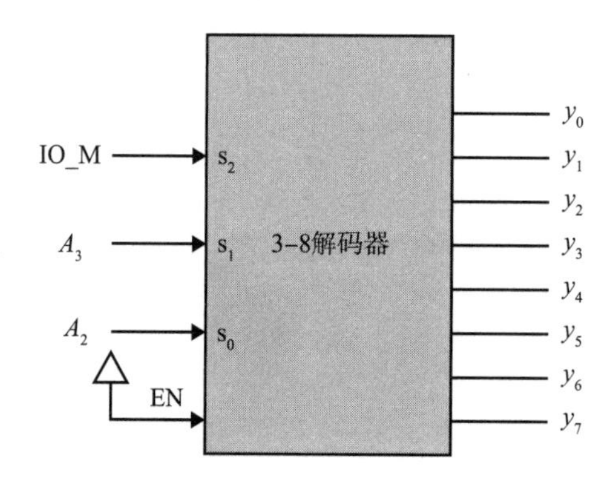

图 12.9　存储器和 IO 解码器

利用上述讨论，就可以将存储器和 IO 设备与所需的处理器连接起来。

12.9　小　结

截至本章，已经介绍了各种设计单元以及它们的使用方法、设计技巧和对应的练习。我们已经讨论了：

（1）逻辑门。

（2）布尔函数。

（3）组合逻辑器件。

（4）使用多路选择器的设计。

（5）使用解码器和编码器进行设计。

（6）触发器、锁存器及其应用。

（7）计数器设计。

（8）移位器。

（9）特殊计数器。

（10）时序逻辑设计。

（11）FSM 设计技术。

（12）面积优化。

（13）频率提高。

（14）低功耗器件和设计。

（15）架构层面的设计。

（16）系统设计。

（17）设计技术和优化的相关概念。

你可以利用本书所介绍的基础设计技术来学习高级设计技术，以及它们在 VLSI 设计中的作用，甚至你也可以将这些技术应用在：

（1）逻辑设计。

（2）架构设计。

（3）RTL 设计。

（4）FPGA 设计。